Biological Note

쉽고 간결한
생물학 노트

Preface

최근 미디어를 통해 접하는 용어들은 공상 과학 소설에서나 있을 법한 그런 표현들이 많다. 특히 생명 과학 분야에서는 '100세 시대의 실현'이라는 기치 아래 일반인들의 건강 지식 또한 현실적으로 매우 높아졌다. 코로나 시대를 거치면서 RNA 백신 같은 전문 용어도 이제는 모두가 쉽게 나누는 정보가 되었다.

생명 과학은 이렇듯 자연스럽게 우리 생활의 필수 영역이 되었다. 지금은 생의학과 유전공학, 줄기세포, 생명 복제에 이르기까지 지나치게 많은 용어가 혼재하고 있는 시기이다. 과거에는 낯설던 용어들이 SNS와 미디어를 통해 우리 생활 깊숙이 들어와 있고, 그에 대한 관심과 발전 속도 역시 가속화되고 있는 것이 현실이다. 뇌 과학을 비롯해 인지와 감성까지도 유전자 차원에서 연구하는 것이 가능해졌고, 유전자 가위를 이용해 질병을 치료하려는 시도는 이미 실현 단계에 이르렀다. 쏟아지는 정보들은 마치 인간의 궁극적인 소원인 '건강하게 질병 없이 오래 사는 것'이 곧 실현될 것 같은 착각마저 일으키고 있다. 이 모든 정보의 바탕에는 생물학의 기본 개념이 숨어 있다. 생명이란 무엇인지 정의를 내리고, 동물과 식물, 미생물을 비롯해 우리 신체 구조를 이해한 다음에야 생명에 대한 경외로움이 생기면서 올바른 지성과 양심을 갖춘 전문가가 탄생할 수 있기 때문이다.

본 교재에는 의학, 보건 분야로 진출하려는 학생들이 기본으로 갖추어야 할 생물학적 지식들이 포함되어 있다. 그러므로 생물학, 간호학, 의·약학, 임상 병리학, 식품 과학 등 다양한 전공에서 빠른 시간 내 개념을 정리하려는 학생들을 가르치기에 매우 적합하다. 생명 현상에 대한 개괄적인 개념부터 세포, 유전, 발생, 생리, 생화학, 호르몬에 이르기까지 전반적인 지식을 발췌하여 엄선하였다. 학생들의 이해를 돕기 위해 필요한 그림들도 첨가하였다. 교재를 따라 읽어 내려가는 동안 학생들은 자연스럽게 체계적인 순서에 따라 현대 생물학에 대해 새로운 체험을 하게 될 것이다.

2025년 2월
저자 일동

Contents

Chapter 03
세 포

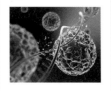

Chapter 04

세포막을 통한 물질의 수송

Chapter 05

세포분열과 세포사

Chapter 08

유전 &
분자 생물

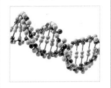

Chapter 09
생식 & 발생

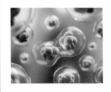

Chapter 10

소화 & 물질대사

Chapter 11

혈액 & 면역

Chapter 12
호르몬과 항상성

Chapter 01

생명이란

◎ 학습 목표

1. 생물의 정의와 특징을 이해한다.

2. 생물의 구성 체계를 살펴본다.

3. 생물학이란 어떤 학문인지 생각해보고 그 응
   용 범위를 알아본다.

 생물이란 무엇인가?

'생물'을 한마디로 정의하자면 '(생명이 있어서) 살아 있는 물체'라고 부를 수 있다. 사실 학문적인 영역으로 가지 않더라도 생물과 무생물을 구분하는 것은 누구나 할 수 있는 일이다. 그러나 위에서 언급한 정의 외의 단어나 문장으로 생물을 정의한다는 것은 생각보다 어려운 일이며, 생물의 범위가 워낙 넓은 관계로 이 모두를 정의 내리는 것 또한 쉬운 일은 아니다. 따라서 학문적인 영역에서 생명 현상을 통해 생물의 특징을 알아봄으로써 과학적으로 생물과 무생물을 분류한다. 우리가 알고 있는 생명 현상을 체계적으로 분류하여 요약하면 다음과 같다.

첫째, 생물은 기본적으로 '세포(cell)'로 구성되어 있다. 세포는 생명체를 구성하는 기본 단위이기 때문에 세포로 구성되어 있지 않으면 생물이라 할 수 없다. 그 예로 바이러스는 '증식'이라고 하는 생물의 특징을 가지고는 있으나, 단백질과 핵산 등으로 구성되어 있을 뿐 세포의 구조를 가지지 못하기 때문에 생물의 범주에 포함시키지 않는다. 세포로 구성된 생물의 구성 체계는 무생물에 비해 상대적으로 복잡하며, 그 복잡한 구조로 인하여 여러 기능을 수행할 수 있게 된다.

둘째, '운동'이라고 부르는 생명 활동을 한다. 세포의 여러 활동으로 인하여 생물은 다양한 생명 활동을 하는데, 이를 '운동'이라고 부른다.

셋째, 생명 활동에 필요한 에너지를 얻기 위하여 '물질대사'를 한다. 운동을 하기 위해서는 에너지가 필요하며, 이러한 에너지를 얻기 위해 사람의 경우에는 영양소와 산소가 필요하다. 영양소와 산소를 이용하여 에너지를 얻는 과정을 대사라고 한다.

넷째, '생식'을 통한 종족의 유지가 가능하다. 생명체는 '무(無)'에서 나타나는 것이 아니라 하나 또는 둘 이상의 생명체의 생식 활동을 통하여 생성

◈ 표 1-1_ 생명의 특징

번 호	내 용
1	세포로 구성
2	운동
3	물질대사
4	생식
5	유전
6	생장과 성장
7	항상성
8	자극에 대한 반응
9	적응과 진화

된다. 따라서 생식이라 함은 자신과 유사하거나 똑같은 개체를 만들어내는 현상을 말하는 것으로, 그 방식에 따라서 유성 생식과 무성 생식으로 구분할 수 있다.

다섯째, 생식의 과정에 '유전' 현상이 일어난다. 생식의 정의에서 말한 '자신과 유사하거나 똑같은 개체'를 만들기 위해서는 자신과 똑같거나 유사한 형태와 성질을 다음 세대에 넘겨주는 유전 현상이 수반된다. 따라서 유전과 생식은 매우 밀접한 관계라고 할 수 있다.

여섯째, '생장'과 '성장'을 할 수 있다. 대부분의 개체는 '세포 분열'을 통하여 세포의 수를 늘리는 과정을 통해 생장 또는 성장을 할 수 있다.

일곱째, 자기 스스로 조절하는 '항상성'을 가진다. 생물체는 자신이 가지고 있는 성질을 항상 그대로 유지하려고 한다. 이를 '항상성'이라고 한다. 호르몬을 통한 혈당의 조절이나 체온을 유지하기 위한 활동 등이 이에 속한다.

여덟째, 자극을 적절히 받아들이고 '반응'할 수 있다. 생물체는 외부의 환경에 끊임없이 자극을 받게 되고, 이에 대해 반응함으로써 생명 활동을 유지한다.

아홉째, 환경에 '적응'할 수 있을 뿐만 아니라 장시간에 걸쳐 볼 '진화'가 이루어진다. 생물체는 시간이 지남에 따라 외부 환경의 자극에 적응하게 되며, 세대를 거듭할수록 환경을 뛰어넘으려 하는데, 이를 '진화'라고 한다.

2 생물의 구성 체계

생물을 구성하는 기본 단위이자 최소 단위를 '세포'라고 한다. 하나의 세포로 구성된 단세포 생물의 경우에는 그 자체가 세포이자 생명체라고 할 수 있으나 다세포 생물의 경우 좀더 복잡한 구성 체계를 가진다.

먼저 세포는 생물의 최소 단위이다. 세포를 구성하는 단위를 '분자(molecule)'라고 한다. 이러한 분자는 물질의 기본 단위라고 할 수 있는 원자(atom)들이 모여서 구성된 것이다. 따라서 원자가 모여서 분자를 구성하고, 다양한 분자가 모여서 세포를 형성한다고 볼 수 있다.

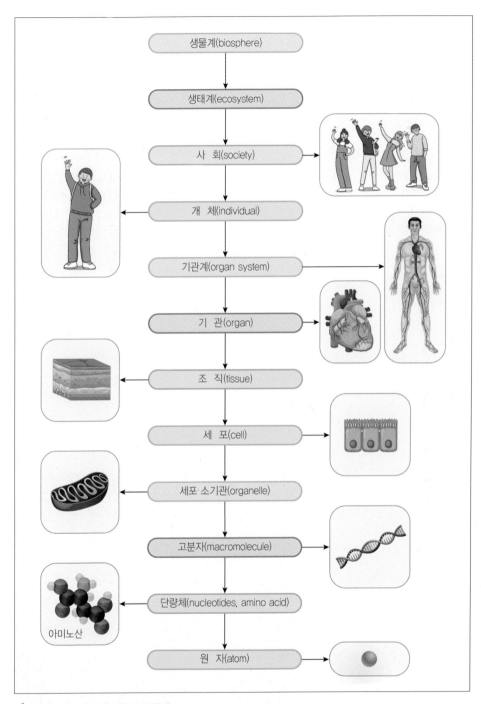

🧪 그림 1-1_ 생물의 복잡한 구성 체계

생명체를 구성하는 기본 단위인 세포가 모여서 '조직(tissue)'이 된다. 조직은 비슷한 성질을 가진 세포가 모인 것으로, 크게 4대 조직으로 나눌 수 있다. 상피조직, 결합조직, 근육조직, 신경조직이 그것이다. 4대 조직 중 둘 이상의 조직이 모여서 특정한 기능을 하는 것을 '기관(organ)'이라고 하는데, 심장은 순환 기관, 위나 장은 소화 기관, 뇌하수체나 갑상샘은 내분비 기관이라 하며, 이러한 기관들이 제 기능을 함으로써 생명 활동을 유지할 수 있다. 같거나 비슷한 기능의 기관들을 모두 모으면 '기관계(system)' 또는 '계

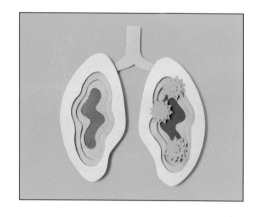

통'이라고 부른다. 소화라는 기능을 하는 소화 기관인 구강, 식도, 위, 소장, 대장 등을 한데 모으면 '소화기관계' 또는 '소화기 계통'이라고 부를 수 있다. 이러한 계통은 호흡기계, 소화기계, 배설계, 순환계, 신경계, 골격계, 내분비계, 피부계 등이 있으며, 이러한 계통들이 모두 모여서 하나의 '개체', 즉 생명체를 구성하게 된다.(그림 1-1)

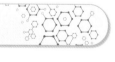

3 생물학, 생명과학, 생명공학

생물체에서 일어나는 다양한 생명 현상들을 공부하는 학문을 생물학이라고 한다. 생물학은 생물체를 분류하고 그 종류를 이해하며, 생물체의 '구조'와 '기능'을 연구하는 학문이다. 따라서 생물학의 궁극적인 목적은 모든 생명체에 대한 존엄성을 그 바탕에 둠으로써 인간의 건강을 지키고 생명을 연장시키며 삶의 질을 향상시키는 것이라 할 수 있다. 따라서 분자생물학, 유전학, 생화학, 생리학, 미생물학, 발생학 등 기초 학문들에 뿌리를 둔 생물학은 생명 현상을 이해함으로써 의학, 보건, 농업, 제약, 식품, 환경 등과 같은 다양한 분야에 영향을 미친다.(그림 1-2) 이 중에서 본 과정을 통하여 생각해 보아야 할 생물학의 응용 범위 중 일부는 다음과 같다.

🧪 그림 1-2_ 생물의 복잡한 구성 체계

① 의료와 생물학

　　인류는 질병과의 전쟁을 치르며 살아왔다. 결핵이나 페스트, 천연두 등 수많은 질병의 도전을 받았으며 그것을 이겨내어 왔으나 아직까지도 인류가 해결하지 못한 질병들이 남아 있고, 새로운 질병들이 계속해서 인류를 괴롭히고 있다. 그러나 생물학을 기반으로 한 진일보된 신약과 백신 개발, 유전자 수준의 치료 등을 통하여 이러한 질병으로부터 인류를 구해내고 있으며, 앞으로도 그럴 수 있을 것으로 기대하고 있다.

② 제약과 생물학

예전에는 구하기 힘들었거나 비싼 가격으로 인하여 치료에 사용하기 어려웠던 약품들을 싸고 손쉽게 사용할 수 있었던 것은 유전자 재조합 기술을 이용한 제약 부문의 비약적인 발전 덕분이라고 할 수 있다. 인슐린 같은 당뇨병 치료제나 인터루킨(interleukin) 같은 항암제들이 그 예라고 할 수 있다.

21세기의 생물학은 단순한 유전자재조합에서 벗어나 인간게놈프로젝트(HGP, human genome project)를 통해 개개인의 유전정보를 이용하여 각 개인에게 맞는 맞춤 의약품을 준비하고 있으며, 남아 있는 난제를 해결한다면 줄기세포나 형질전환동물, 동물복제를 통해서 의약품과 인공 장기의 접근성을 낮춤으로써 인류의 건강과 생명에 도움을 줄 수 있을 것이라 기대하고 있다.

③ 개인 식별과 생물학

사람마다 DNA 염기 서열에 조금씩 차이가 있다는 점을 이용하여 개인식별이 가능하며, 이를 통하여 범죄수사, 친자확인 등에 활용하고 있다. 즉 범죄 현장에서 발견한 혈흔이나 머리카락으로부터 추출한 DNA와 용의자들의 DNA를 비교함으로써 범인을 찾아내는 데 도움을 주고 있다. 육안으로는 신원을 확인하기 힘든 사체나 그 일부로부터 DNA를 추출하여 신원 파악을 하는 등 과학수사에 사용된다.

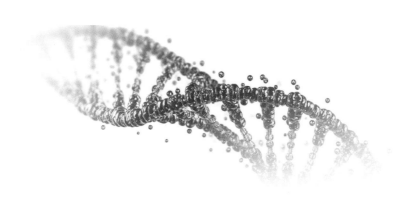

Chapter 02

분자, 세포를
구성하는 물질

◎ 학습 목표

1. 생물체의 구성 성분인 유기화합물과 무기화합물을 분류한다.

2. 원자와 관련된 용어를 이해함으로써 원자에 대해 알아본다.

3. 단량체와 중합체의 의미를 이해하고, 탈수결합과 가수분해에 대해 설명한다.

4. 유기화합물에 속하는 탄수화물, 지질, 단백질, 핵산 등의 구조와 기능에 대해 이해한다.

1 생물체의 구성

동식물세포의 경우 약 75~85%의 물, 15~20%의 단백질, 2~3%의 지질, 1~2% 정도의 탄수화물, 핵산, 그리고 무기질로 구성되어 있다. 이렇듯 생물체를 구성하는 화학물질은 크게 유기화합물(organic compound)과 무기화합물(inorganic compound)이라고 부르는 두 종류로 이루어져 있다.

2 원 자

물질의 기본적인 최소 단위인 원자(atom)는 핵(nucleus)을 중심으로 궤도 전자가 바깥쪽을 돌고 있는 구조로 되어 있다.

핵에는 양성자(proton)와 중성자(neutron)가 들어 있는데 모든 원자 중 가장 작고 단순한 것이 수소 원자이다. 수소 원자의 핵에는 양성자만 하나 들어 있다. 이때 양성자의 수를 '원자번호'라고 부르는데, 이것은 원자의 고유한 성질을 나타내는 번호이다. 원자 번호는 원소 기호 좌측 하단에 아래 첨자로 표시한다.

동위원소(isotope)는 원자 번호가 같고 중성자의 수가 다른 것을 일컫는 말이다. 질량수(atomic mass) 또는 원자량은 양성자와 중성자의 수를 합한 것을 말하며, 원소 기호 좌측에 위첨자로 표시한다. 동위원소 중에서도 핵이 너무 무거워 분열하면서 방사선을 낼 경우 방사성 동위원소(RI, radioisoptope)라고 한다.

전자(electron)는 그 무게가 양성자나 중성자에 비할 수 없을 만큼 가볍기 때문에 그냥 무시되지만, 음전하(-)를 가지고 있어서 양성자가 가지는 양전하(+)를 중성화시키는 중요한 역할을 한다. 그러한 이유로 원자에서 양성자와 전자의 수는 같게 마련이다. 예를 들어 원자 번호가 6인 탄소의 경우, 중성일 때 양성자와 전자를 각각 6개씩 가지게 된다.(그림 2-1)

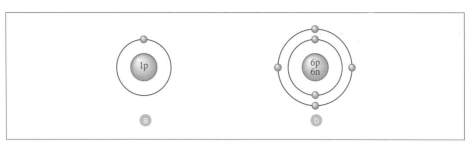

🧪 그림 2-1_ 원자의 구조(ⓐ 수소, ⓑ 탄소)

3 물과 수소결합

　생명의 필수 요인인 물은 수소 원자 두 개와 산소 원자 하나로 되어 있으며, 분자식은 H_2O이다. 이때 수소와 산소는 각각 전자를 하나씩 내어놓아 전자쌍을 공유하기에 이를 공유 전자쌍이라 부른다. 산소와 수소 사이에는 끌어당기는 힘이 존재하며, 크기가 큰 산소가 당연히 인력이 커서 공유 전자쌍을 더 가깝게 끌어당긴다. 그 결과 산소는 아주 약하게 (−) 전기를, 수소는 상대적으로 (+) 전기를 띠게 된다. 전기적 성질로 인해 물은 극성을 띠게 되고 각각의 물 분자들은 수소 원자를 중심으로 결합하게 되는데, 이를 수소결합이라고 한다.(그림 2-2) 이 때문에 물 분자들은 극성을 띠면서 강한 응집력을 가질 수 있게 된다.

　수소결합은 인체를 구성하는 거의 대부분의 고분자에서 발견된다. 예를 들어 수소결합으로 인해 단백질의 2차 구조도 만들어지며, DNA의 이중나선 구조 역시 수소결합이 필수적이다. 수소결합 하나하나는 약하지만, 고분자들은 중합체를 형성하고 있어서 수소결합이 매우 많이 연결되어 있기 때문에 전체적으로 안정된 구조를 할 수 있다. DNA의 경우에 특정 유전자가 발현될 때 변성되었다가 다시 원래 상태로 감겨야 하므로 각 염기쌍(base pair)의 수소결합이 중요하다고 할 수 있다.

　물은 인체의 75~85%를 차지할 만큼 중요한 물질이다. 물은 각종 물질에 대한 용매로서 또 분산매로서 작용하는데, 이때 각종 세포 내 물질들을 녹이는 작용을 하는

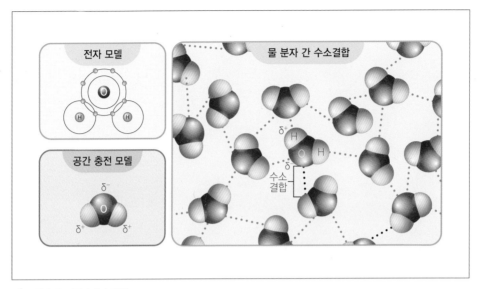

전자 모델

공간 충전 모델

물 분자 간 수소결합

δ^+

수소
결합

δ^-

δ^+　δ^+

🧪 그림 2-2_ 물과 수소결합

것을 용매라 하고, 녹이지는 않지만 세포 내에서 리보좀 등과 같은 세포 소기관들을
분산시켜 놓는 작용을 하는 것을 분산매라고 말한다. 이뿐만 아니라 물은 각종 효소
반응이 세포에서 일어날 수 있도록 해주며 노폐물의 배설과 체온 유지 등에도 꼭 필
요하다.

4 유기화합물과 무기화합물

앞서 생물체를 구성하는 화학 물질은 크게 유기화합물(organic compound)과 무기화
합물(inorganic compound) 두 종류로 이루어져 있다고 말했다. 유기화합물과 무기화합
물은 탄소를 함유하고 있느냐 그렇지 아니하냐에 따라 구분할 수 있다. 즉 유기화합물
은 탄소를 함유하고 있는 화학 물질들을 말하며, 탄수화물(carbohydrate), 단백질(pro-
tein), 지질(lipid), 핵산(nucleic acid), 비타민 등이 이에 해당한다. 반면 무기화합물의 경
우에는 탄소를 포함하고 있지 않은 물질들로서, 물과 무기염류 등이 여기에 속한다.

① 유기화합물

탄소를 함유하고 있는 유기화합물은 생물체 내에서 주로 세포의 구성 성분이나 에너지원으로 사용된다. 유기화합물은 탄소를 함유하고 있다는 특징 외에 또 다른 공통적인 특징을 가지고 있는데, 대부분의 경우 **중합체(polymer)**의 형태를 가진다는 것이다.(그림 2-3) 유사한 구조를 가진 **단량체(monomer)** 또는 단위체들이 모여서 사슬과 같은 구조를 이룬 상태를 중합체라고 부르는데, 비타민을 제외한 탄수화물, 단백질, 지질, 핵산 등의 유기화합물은 이렇게 중합체의 구조를 하고 있다. 예를 들어 탄수화물 중 다당류인 전분(starch)은 포도당(glucose)이라는 단량체가 사슬처럼 모인 것이다. 단백질(protein)은 아미노산(amino acid)이라는 단량체가 연결된 구조이며, 핵산인 DNA나 RNA 역시 뉴클레오티드(nucleotide)라는 단량체가 결합한 구조라고 할 수 있다. 중합체는 이론상으로는 무한정으로 커질 수 있기에 고분자 또는 거대 분자(macromolecule)라고 불리기도 한다.

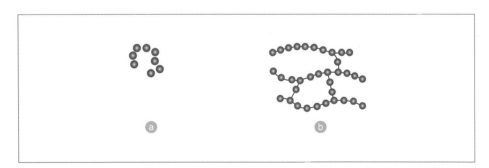

그림 2-3_ 중합체(ⓐ 단량체, ⓑ 중합체)

② 탈수결합 반응과 가수분해 반응

단량체가 여럿 모여서 중합체를 구성하기 때문에 중합체를 만들기 위해서 단량체와 단량체 간의 결합이 필요하다. 이러한 결합을 하기 위해서는 반드시 1분자의 물이 빠져 나가므로 이러한 반응을 **탈수결합반응(dehydration synthesis)**이라 부른다.(그림 2-4) 반면 소화와 같이 중합체를 각각의 단량체로 분해하기 위해서는 물을 첨가해

🧪 그림 2-4_ 탈수결합반응

🧪 그림 2-5_ 가수분해반응

주어야 하기 때문에 이러한 반응을 **가수분해반응**(hydrolysis)이라 한다.(그림 2-5) 밥, 고기 등과 같이 섭취하는 음식물의 대부분은 중합체이기 때문에 이를 단량체로 분해해내는 소화 과정이 필요하며, 이때 사용되는 소화효소들은 모두 가수분해효소라고 할 수 있다. 이러한 분해 과정을 통하여 음식물 속 단백질은 각각의 아미노산으로, 전분은 포도당으로, 지방은 지방산으로 각각 분해되고, 이렇게 소화된 단량체들은 혈액으로 흡수되어 적절한 세포로 이동한 후 에너지원으로 사용되게 된다.

③ 생명의 3대 고분자

유기화합물 중에서도 단백질은 우리 몸의 거의 모든 생리생화학반응을 결정해주기 때문에 매우 중요하다 할 수 있다. 이러한 단백질을 만들기 위한 유전정보가 DNA에 들어 있으며, DNA의 유전정보에 따라 단백질이 만들어지려면 RNA라는 중간 매체가 반드시 필요하다. 이러한 이유로 유기화합물 중 DNA와 RNA, 그리고 단

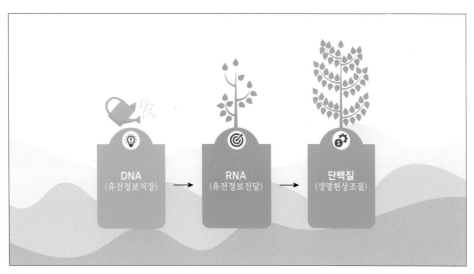

🧪그림 2-6_ 생명의 3대 고분자 상호 관계

백질을 '생명의 3대 고분자'라고 부른다.(그림 2-6)

지금부터 인체를 구성하는 성분들의 구조와 종류, 기능을 알아본다. 이와 함께 단량체는 무엇이며, 이들의 결합이 어떠한지에 대해서도 알아보도록 한다.

5 탄수화물

1 단당류

3대 영양소 중 하나인 탄수화물은 대부분 중합체의 형태를 띠는데, 이러한 중합체를 구성하기 위한 단량체를 단당류(monosaccharide)라 부른다. 단당류는 탄소와 수소, 그리고 산소가 1:2:1로 구성되며, 기본 구조식은 $C_n(H_2O)_n$이다. 이때 n의 값에 따라 n=3이면 3탄당(triose), n=4면 4탄당(tetrose), n=5면 5탄당(pentose), n=6이면 6탄당(hexose) 등으로 부른다.

3탄당의 대표적인 것으로 피루브산(pyruvate)이 있다. 피루브산은 에너지대사 중

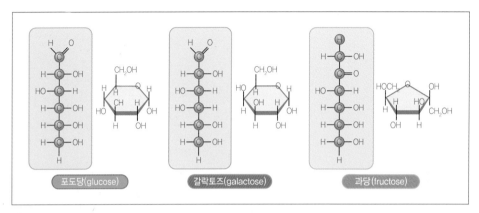

⚗ 그림 2-7_ 직선 구조와 고리 구조

하나인 포도당 대사과정의 첫 단계인 해당과정의 산물로 알려져 있다.

5탄당에서 가장 대표적인 것은 디옥시리보오스(deoxyribose)와 리보오스(ribose)인데, 이들은 각각 핵산(nucleic acid)인 DNA와 RNA의 구조에서 발견되는 당이다.

6탄당은 포도당(glucose), 과당(fructose), 갈락토즈(galactose)가 대표적이라 할 수 있는데, 이들은 세포 내로 흡수가 용이하기 때문에 에너지원으로 주로 사용된다.

대부분의 단당류는 고리 구조(ring structure)이며, 실제로 세포 안에서는 고리 구조로 존재한다. 그러나 설명을 돕기 위하여 간혹 당의 양끝을 연결하지 않고 그냥 죽 한 줄로 보여주는 직선 구조(straight chain)로 나타내기도 한다.(그림 2-7)

② 이당류

이당류(disaccharide)는 단당류가 2개 모인 것이다. 이당류의 예로는 수크로즈(sucrose), 엿당(maltose), 젖당(lactose) 등이 있다. 먼저 설탕(sugar) 또는 자당으로 불리는 sucrose는 포도당 1분자와 과당 1분자가 연결된 이당류이다. 엿당 또는 맥아당이라고 불리는 maltose는 포도당 2분자가 연결된 이당류이다. 역시 6탄당인 galactose와 포도당이 결합하면 lactose가 되는데, 이를 유당 또는 젖당이라고 부른다. 언급한 이당류들이 모두 6탄당의 결합으로 이루어진 만큼 이들은 한 번의 분해로 포도당, 과당, 갈락토즈로 분해되어 에너지원으로 사용할 수 있기에 주요 에너지원으로 언급된다. 이때 sucrose를 분해하는 효소를 sucrase(설탕분해효소), maltose를 분해하는 효소를 maltase(엿당분해효소), lactose를 분해하는 효소를 lactase(젖당분해효소)라고 한다. 사람에 따라서는 우유를 마시면 소화가 되지 않아서 설사 등의 반응을 보이기도 하는데, 이러한 경우는 lactase가 제대로 분비되지 못함으로 인해 우유의 유당이 분해되지 못하기 때문이다.

③ 다당류

단당류가 3개 이상 결합한 것을 다당류(polysaccharide)라고 한다. 이때의 단당류는 보통 포도당이 된다. 결합 역시 탈수결합 반응이지만 1,4-글리코시드 결합(1,4-glycoside bond)이라 부른다. 포도당에는 6개의 탄소가 있기 때문에 이들을 구별하기 위하여 1부터 6까지 번호를 붙이는데, 이 중 1번과 4번 위치에 있는 탄소 사이에서 결합이 일어나기 때문이다. 대표적인 다당류에는 전분(starch), 섬유소(cellulose), 글리코겐(glycogen)이 있다. 전분과 섬유소는 식물에서 발견되며, 글리코겐은 동물에서만 발견되는 것이다. 한편 전분과 글리코겐은 에너지의 저장 형태로 존재하며, 섬유소는 식물세포의 세포벽 성분으로 사용된다.(그림 2-8, 2-9)

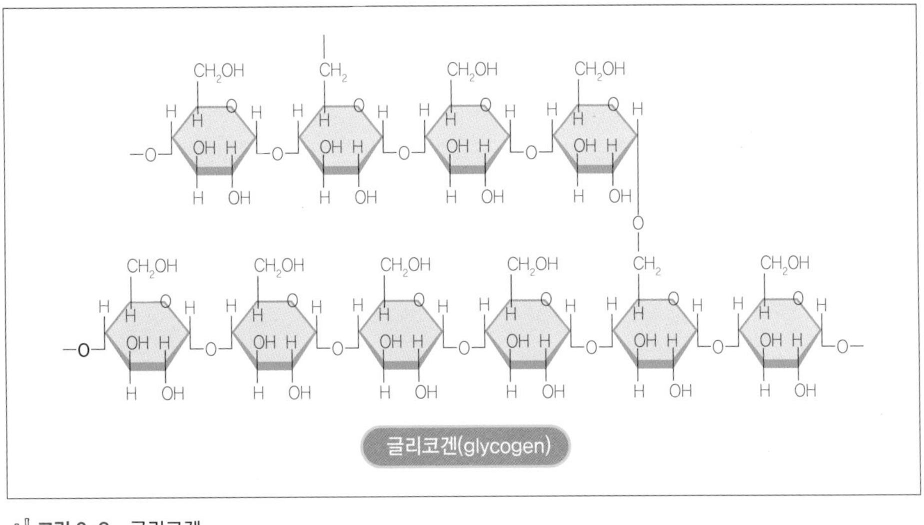

글리코겐(glycogen)

그림 2-8_ 글리코겐

🧪 그림 2-9_ ⓐ섬유소, ⓑ전분

일부 전분과 글리코겐에서는 가지친 구조의 1,6-글리코시드 결합도 존재한다. 대표적인 예로는 글리코겐과 전분의 한 종류인 아밀로펙틴(amylopectin)이 있다. 반면에 섬유소나 전분 중 아밀로오스(amylose)는 1,4-글리코시드 결합만 있어 직선 구조를 하고 있다. 섬유소는 직선 구조이기는 하지만 포도당이 교대로 뒤집어져 연결된 독특한 구조를 하고 있어서 분해가 매우 어렵고 대단히 질기기 때문에 섬유소분해 효소인 cellulase가 필요하다.

식물에서 발견되는 전분과 동물에서 발견되는 글리코겐은 에너지의 저장물질이다. 감자나 고구마 전분은 식물이 필요한 에너지원인 포도당을 보관하기 위해 저장해 놓은 형태이다. 음식물로 섭취한 전분은 소화효소에 의해 개개의 포도당으로 분해된 뒤 혈액으로 섭취되어 온몸의 세포로 공급된다. 이렇게 사용하고도 남은 포도당은 인슐린(insulin)이라는 호르몬의 작용으로 글리코겐으로 변한 뒤 간과 근육 속에 저장이 된다. 근육에 저장된 글리코겐은 근육이 사용될 때 포도당으로 분해된 후 에너지원으로 사용되며, 간의 글리코겐의 경우에는 혈당이 떨어졌을 때 글루카곤(glucagon)이라는 호르몬에 의해 포도당으로 분해되어 혈당을 올려주며 사용된다.

섬유소는 물에 녹지 않고 견고한 구조를 하고 있어 식물의 세포벽 구성 성분으로 사용된다. 식물의 세포벽이 견고한 섬유소로 구성되어 있기 때문에 식물이 꼿꼿하게 버티도록 만들어 준다. 대부분의 동물은 이러한 섬유소의 구조를 분해할 수 있는 효소가 없기 때문에 섬유소를 소화시킬 수 없다. 소화되지 않은 섬유소는 통째로 소화

기관과 배설 기관을 지나오면서 장을 건드림으로써 배변 활동을 도와주는 역할을 한다. 그러나 초식동물의 경우에는 섬유소를 먹고 소화시킬 수 있는데, 이들의 소화관 내에 서식하는 대장균이 만들어내는 효소를 이용해서 섬유소가 소화되기 때문이다. 사람의 경우에는 이러한 효소를 통하여 섬유소

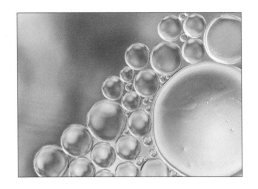

가 소화된다 하더라도 초식동물과 다른 대장으로 인해 섬유소가 지나치게 소화되면 견디지를 못하게 되고, 삼투압 현상으로 주변 조직에서 물이 장속으로 흘러나와 설사를 하게 된다. 이것이 바로 대장균이 섞인 불량식품을 먹었을 때 설사를 하는 이유라고 할 수 있다.

6 지 질

지질(lipid)에는 (중성)지방, 인지질, 스테로이드, 납(wax) 등이 있다. 소수성(hydro-phobic)은 지질의 가장 큰 특징으로 물과 쉽게 결합하지 못하는 성질을 일컫는 말이다. 중성지방, 인지질, 납, 스테로이드 모두 소수성이 중요한 성질로 언급된다.

① 중성지방

일반적으로 neutral fat이라고도 불리는 중성지방(TG: triglyceride)은 글리세롤(glycerol) 1분자에 지방산(fatty acid) 3분자가 결합된 형태이다.(그림 2-10) 글리세롤은 탄소 3개로 되어 있으며 각 탄소마다 OH기(수산화기, hydroxyl group)가 하나씩 붙어

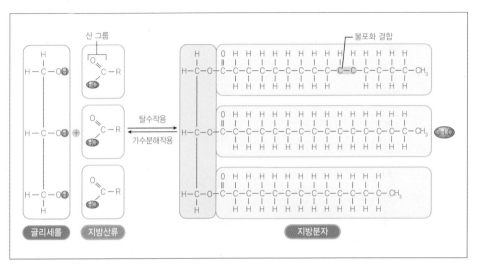

🧪 그림 2-10_ 중성지방

있는 구조이다. 지방산은(보통 R로 표시함) 한쪽 끝에 −COOH기(카르복시기, carboxyl group)가 붙어 있다. 글리세롤의 OH기와 지방산의 COOH기의 결합을 에스테르 결

합(ester bond)이라고 하는데, 원래 산과 알코올 사이의 결합을 의미하는 것이다. 이 역시 물이 빠져나가는 탈수결합반응에 속한다. 소수성의 성질을 가지는 중성지방은 물에 녹지 않고 유기용매에만 녹는다.

중성지방은 1g당 탄수화물이나 단백질보다도 더 많은 열량을 낼 수 있기

때문에 인체에서 주요 에너지원으로 작용한다. 또한 외부의 찬 공기가 인체로 들어가는 것을 차단해주는 등 방열 작용(insulation)을 함으로써 체온을 유지하기도 한다. 피하 조직이나 복부의 지방 세포 내에서 외부의 물리적인 충격으로부터 내부 기관들을 보호하는 쿠션(cushion) 작용도 한다.

중성지방을 구성하는 지방산은 지방산의 종류에 따라 포화지방산과 불포화지방산으로 나눈다.(그림 2-11) 포화지방산(saturated fatty acid)은 팔미트산(palmitic acid)

팔미트산(palmitic acid)

리놀렌산(Elaidolinoleic acid)

그림 2-11_ 포화지방산과 불포화지방산

과 같이 탄소끼리의 결합이 모두 단일 결합으로만 된 지방산을 말하며, 불포화지방산(unsaturated fatty acid)은 올레산(oleic acid)처럼 탄소 간의 결합에서 이중결합이나 삼중결합 같은 불포화결합이 최소한 하나 이상 들어 있는 지방산을 말한다. 일반적으로 포화지방산을 가진 중성지방은 고체(지방, fat)이며, 불포화지방산의 중성지방은 액체(기름, oil)라는 것이다. 불포화중성지방은 생선이나 채소 등에 많은 데 비해 포화중성지방은 육류에 많이 들어 있기 때문에 지나치게 섭취할 경우 동맥에 축적되어 동맥경화증을 일으키는 원인이 된다.

② 인지질

세포의 모든 막 성분(세포막, 핵막 등등)을 구성하고 있는 인지질(phospholipid)은 지방산 중 하나가 인(phosphate)을 포함하고 있다.(그림 2-12) 이때의 인은 인산으로서 PO_4^-의 구조이기에 인지질로 하여금 전기적으로 (−) 성질을 가진다. 극성을 나타내는 인과 글리세롤의 합쳐진 부분을 머리(head), 전기적 극성이 없는 지방산 부분을 꼬리(tail)라 부른다. 극성 부분은 물에 잘 녹을 수 있고, 비극성 부분은 물에 녹지 않는다. 따라서

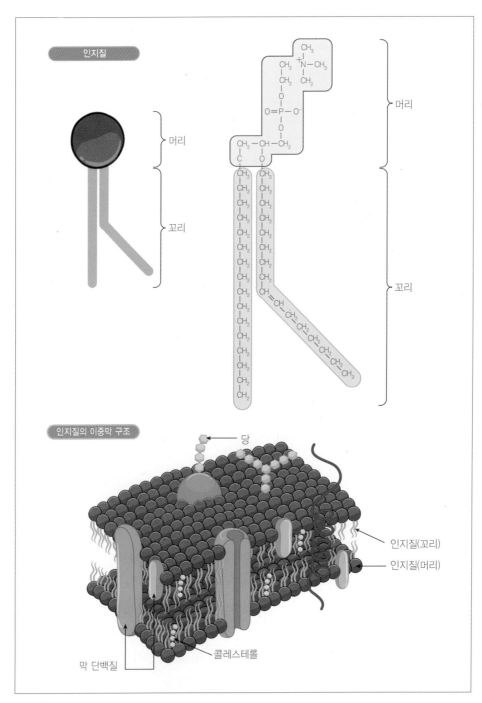

🧪 그림 2-12_ 인지질과 인지질의 이중막 구조

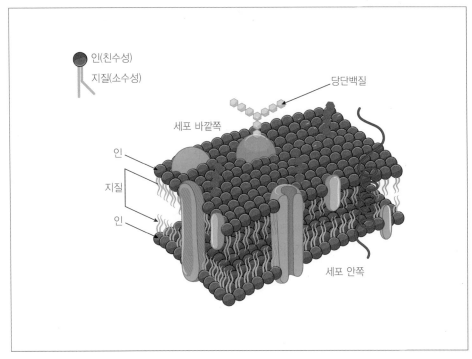

🧪 그림 2-13_ 원형질막

인지질을 물에 풀어 놓으면 극성 부분은 물과 인접한 바깥쪽으로, 비극성 부분은 물을 피해서 안쪽으로 위치하게 된다. 이것이 세포막이 이중 막으로 형성될 수밖에 없는 이유이다. 세포의 밖은 조직액이고, 안은 세포질 용액으로 가득차 있기 때문에 결국 비극성 부분인 꼬리는 이중 막의 안쪽으로 숨을 수밖에 없는 것이다.(그림 2-13)

③ 스테로이드

4개의 탄소고리로 되어 있는 스테로이드(steroid)는 스테로이드 호르몬과 콜레스테롤(cholesterol)이 대표적이다. 스테로이드 호르몬의 대표적인 여성호르몬인 에스트로겐(estrogen), 남성호르몬인 테스토스테론(testosterone)은 모두 콜레스테롤로부터 유래된 것으로 동물에서만 발견되는 것이 특징이다.(그림 2-14) 또한 콜레스테롤은 세포막의 구성요소이기도 하다.

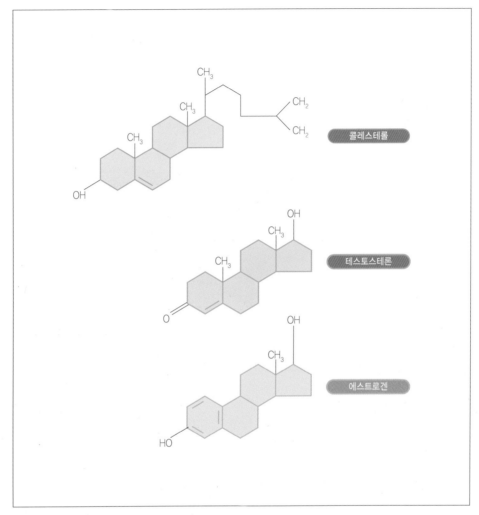

콜레스테롤

테스토스테론

에스트로겐

🧪 그림 2-14_ 콜레스테롤, 에스트로겐, 테스토스테론

④ 납

납은 왁스(wax)라고 부르는데, 동물의 피부나 새의 깃털, 식물의 잎 표면에서 주로 확인할 수 있다. 특히 식물은 잎을 통한 수분의 증발을 막기 위해 표면을 납으로 코팅하듯이 덮고 있다. 동물의 피부나 새의 깃털 역시 수분의 침투를 막아주며, 외부 충격으로부터 보호하는 역할을 한다.

7 단백질

① 단백질의 기능

단백질은 인체의 거의 모든 생리 작용에 필수적으로 관여하고 있기에 생명의 3대 고분자라고 부른다. 단백질은 인체에서 일어나는 거의 모든 생화학반응을 주관하는 효소로 사용되며, 인체의 생리 작용을 조절해주는 호르몬 중 일부는(예: 인슐린 등) 단백질로 구성된다. 단백질은 케라틴이나 엘라스틴과 같이 인체를 구성하는 물질로 사용되며, 액틴(actin)이나 미오신(myosin) 같은 단백질은 수축과 이완 작용을 함으로써 움직일 수 있게 해준다. 단백질은 헤모글로빈처럼 산소를 운반해주거나 항체와 같이 면역작용을 통한 외부 병원체로부터 보호하는 기능도 한다. 또한 단백질이 에너지원으로도 사용될 수 있다.

② 아미노산

단백질 역시 중합체로 존재하며, 단량체는 아미노산(amino acid)이다. 단백질을 구성하는 아미노산은 20여 가지이며 아미노산의 조합 순서에 따라서 다양한 종류의 단백질이 만들어진다. 그림 2-15에서 보는 것처럼 아미노산의 기본 구조를 살펴보면 알파(α) 탄소라 불리는 탄소가 정가운데에 위치한 채, 그 주위에 수소 원자(H), 아미노기(NH₂)와 카르복시기(COOH)가 위치하고 있다. 나머지 R이라 표시된 곁사슬(side chain)에는 수소 원자처럼 간단한 구조부터 매우 복잡한 고리 구조에 이르기까지 다양하게 존재하는데, 이 곁사슬의 차이로 20종류

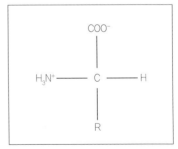

🧪 그림 2-15_ 아미노산의 기본 구조

의 아미노산은 결정지어진다.(그림 2-16) 즉, 곁사슬의 차이 때문에 아미노산마다 화학적 성질이 달라진다.

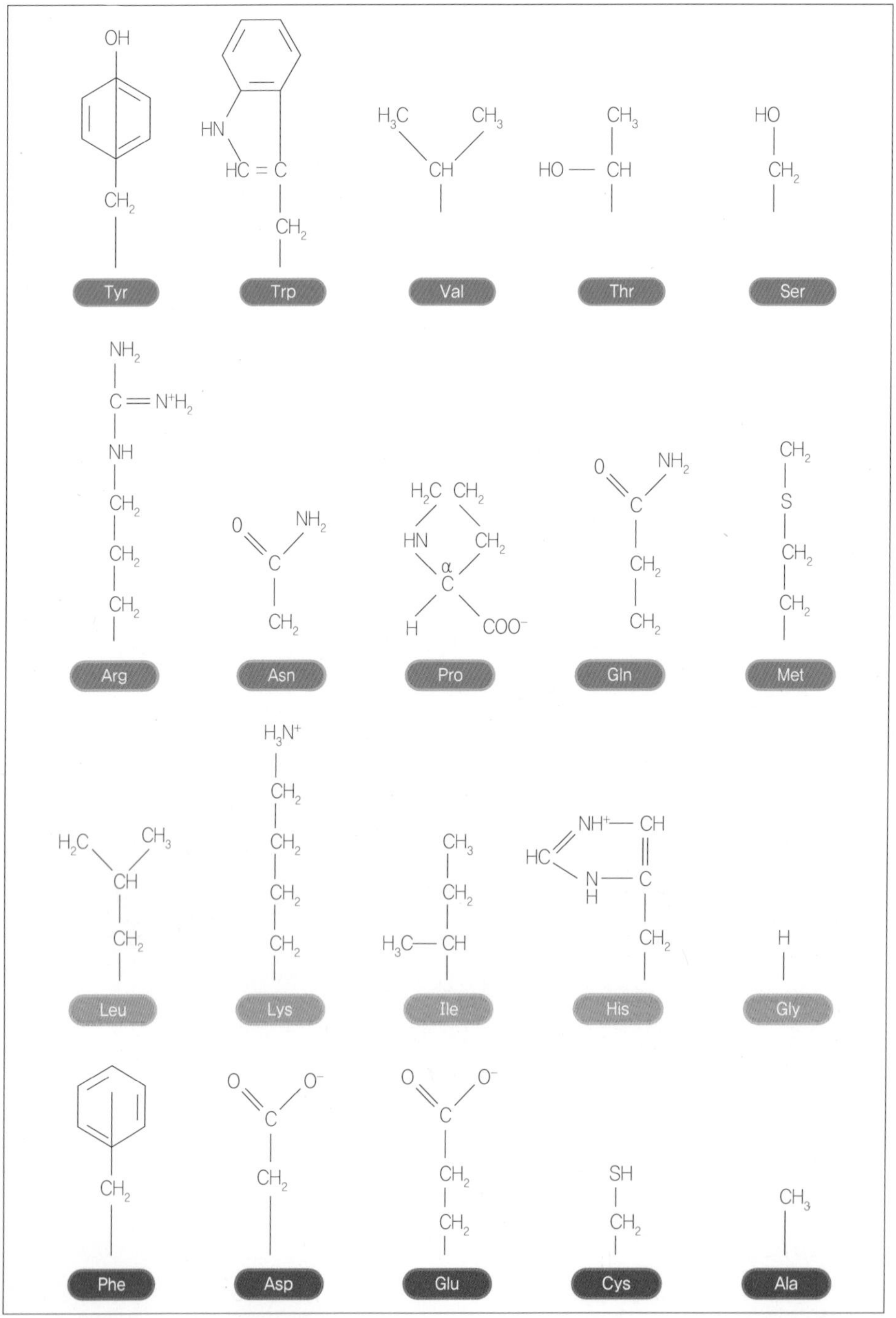

🧪 그림 2-16_ 대표적인 아미노산 20가지

수용액 속에서는 아미노기가 (+)전기를, 카르복시기가 (−)전기를 띠고 있다. 어떤 아미노산은 곁사슬에도 카르복시기를 가지고 있다. 이들은 특히 수용액 속에서 (−) 전기를 띠면서 수소 이온(H^+)을 내어놓기 때문에 산성 아미노산이라 부른다. 또 곁사슬에도 아미노기 또는 이와 유사한 구조가 있어 (+) 전기를 띠는 것들을 염기성 아미노산이라 부른다. 산성 아미노산에는 글루탐산(Glu)과 아스파트산(Asp)이 있으며, 염기성 아미노산에는 리신(Lys), 아르기닌(Arg), 히스티딘(His) 등이 있다. 하나의 단백질 안에 산성 아미노산과 염기성 아미노산이 어떻게 분포되어 있느냐에 따라 전체 단백질의 전기적인 성질이 결정된다. 고기를 구울 때 유황 냄새가 나는 것은 아미노산 중에 황을 포함하는 것이 있기 때문이다. 메티오닌(Met)과 시스테인(Cys)이 이것들이다.

　아미노산은 이름이 길기 때문에 대개 약어를 사용한다. 특별히 Asp(아스파트산)과 Asn(아스파라긴), Glu(글루탐산)과 Gln(글루타민), 그리고 Trp(트립토판)과 Tyr(티로신) 등을 주의할 필요가 있다. 때로는 한 글자 약어로 표시하기도 한다. 프롤린(Pro)은 전체가 하나의 고리처럼 보이는 특이한 모습을 하고 있는데, 이 프롤린이 있는 곳에서 단백질의 입체적 구조가 꺾이게 된다.

◈ 표 2-1_ 아미노산의 종류

아미노산	약어	기호	성질
alanine (알라닌)	Ala	A	중성
arginine (아르기닌)	Arg	R	중성
asparagine (아스파라긴)	Asn	N	염기성
aspartic acid (아스파르트산)	Asp	D	산성
cystein (시스테인)	Cys	C	중성
glutamic acid (글루탐산)	Glu	E	산성
glutamine (글루타민)	Gln	Q	중성
glycine (글리신)	Gly	G	중성
histidine (히스티딘)	His	H	염기성
isoleucine (이소루신)	Ile	I	중성
leucine (루신)	Leu	L	중성
lysine (리신)	Lys	K	염기성
methionine (메티오닌)	Met	M	중성
phenylalanine (페닐알라닌)	Phe	F	중성
proline (프롤린)	Pro	P	중성
serine (세린)	Ser	S	중성
threonine (트레오닌)	Thr	T	중성
tryptophan (트립토판)	Trp	W	중성
tyrosine (티로신)	Tyr	Y	중성
valine (발린)	Val	V	중성

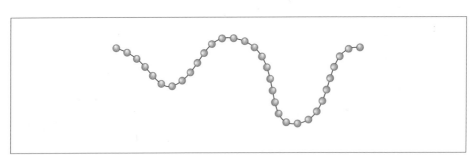

🧪 그림 2-17_ 펩티드 결합

③ 단백질의 입체구조

단백질은 1차구조에서 4차구조까지 다양한 형태로 존재할 수 있다. 1차구조(primary structure)는 아미노산끼리 일정한 순서로 펩티드 결합을 하고 있는 구조를 말한다.(그림 2-18) 이는 단백질의 가장 기본적인 구조로서 단순한 직선상 구조이다. 1차구조만으로는 단백질로서 기능이 불가하지만, 기능을 할 수 있는 나머지 2, 3, 4차구조를 결정하는 기본구조이기 때문에 매우 중요하다.

단백질의 2차구조(secondary structure)에는 나선 형태(helix)의 알파(alpha) 구조와 병풍 형태(pleated sheet)의 베타(beta) 구조가 있다.(그림 2-19) 2차구조의 단백질은 펩티드 결합에 수소결합(hydrogen bond)이 하나 더 첨가된 구조이다.

아미노산 중 하나인 시스테인은 황(S, sulfur)을 가지고 있기 때문에 두 개의 시스테인이 접촉하게 된다면 이 사이에서 –S–S– 결합이 생겨나게 되는데, 이 결합을 이황화물 결합(disulfide bond)이라고 한다. 단백질의 3차구조(tertiary structure)는 두 개의

🧪 그림 2-18_ 단백질의 1차구조

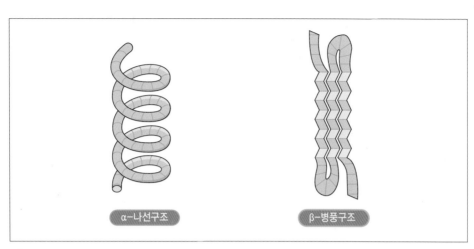

α-나선구조   β-병풍구조

🧪 그림 2-19_ 단백질의 2차구조

시스테인(Cys) 사이의 이황화물 결합으로 이루어지며, 이 결합으로 인하여 단백질은 공간 속에서 접히게 된다.(그림 2-20) 이렇게 접히면 단백질 구조에서 주머니(pocket) 형태가 생기게 되고, 이 다양한 모양의 주머니들이 기질(substrate)과 결합하여 단백질의 실질적인 기능을 하게 된다. 대부분의 단백질은 이렇게 3차구조 단계에서 입체적 모양을 취하며 비로소 기능을 할 수 있게 된다.

헤모글로빈(hemoglobin)과 같은 일부 단백질은 4차구조(quaternary structure)로 되어 있다. 4차구조란 여러 개의 3차구조 단백질이 이온 결합(ionic bond) 등에 의해 또

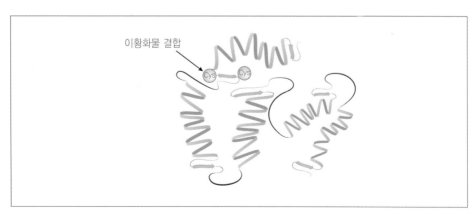

이황화물 결합

🧪 그림 2-20_ 단백질의 3차구조

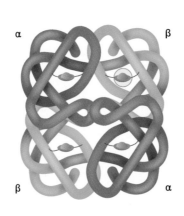

⚗ 그림 2-21_ 단백질의 4차구조

다시 결합한 것이다.(그림 2-21) 헤모글로빈은 2개의 알파–글로빈과 2개의 베타–글로
빈으로 되어 있다. 각각의 글로빈만으로는 산소를 운반할 수 없지만 4차구조를 형성
하면 산소를 운반할 수 있게 된다.

④ 단백질의 변성

고열이 나면 빠르게 해열시키는 것이 중요하다. 그 이유는 고열이 지속되면 단백
질을 구성하는 결합들이 풀려버려서 구조가 깨지게 되고, 구조가 변하면 단백질의
기능이 없어져 버리기 때문이다. 이렇듯 결합이 깨져서 고유의 기능을 잃어버리는
현상을 변성(denaturation)이라 말한다. 만약 생명 현상에 필수적인 단백질이 변성되
면 치명적이게 될 뿐만 아니라 신체적·정신적 장애가 뒤따를 수도 있다. 단백질의 2,
3, 4차 구조는 1차구조에 의해 결정된다. 변성되었다 하더라도 1차구조가 유지되고
있는 한 온도가 다시 낮아지면 쉽지는 않지만, 원래의 정상 구조로 돌아올 수도 있는
데, 이를 회복 또는 재생(renaturation)이라 말한다. 그만큼 단백질의 1차구조가 중요
하다고 할 수 있는데, 그런 이유로 단백질에서 아미노산이 어떤 서열로 조합될지가
중요하다.

8 핵 산

    핵 안에 들어 있는 산성물질을 뜻하는 핵산(nucleic acid)은 DNA와 RNA로 나눌 수 있다. 핵산 역시 중합체이고, 이들의 단량체는 뉴클레오티드(nucleotide)이다. 뉴클레오티드는 당(sugar)과 염기(base), 그리고 인산(phosphate)으로 구성되어 있다. 이들 뉴클레오티드는 DNA와 RNA에서 차이점을 가지는데, DNA의 뉴클레오티드는 dATP, dCTP, dGTP, dTTP의 4종류인데 비해 RNA의 뉴클레오티드는 ATP, CTP, GTP, UTP의 4종류이다.

    뉴클레오티드의 당은 DNA에서는 디옥시리보오스(deoxyribose)를 사용하고, RNA에서는 리보오스(ribose)를 사용한다. dATP와 ATP의 차이는 5탄당의 2번째 탄소(2

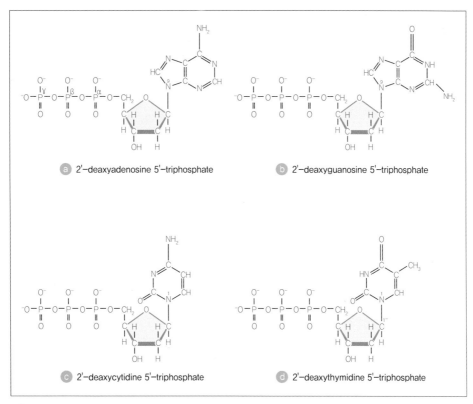

ⓐ 2'-deoxyadenosine 5'-triphosphate   ⓑ 2'-deoxyguanosine 5'-triphosphate

ⓒ 2'-deoxycytidine 5'-triphosphate   ⓓ 2'-deoxythymidine 5'-triphosphate

🧪그림 2-22_ DNA의 뉴클레오티드

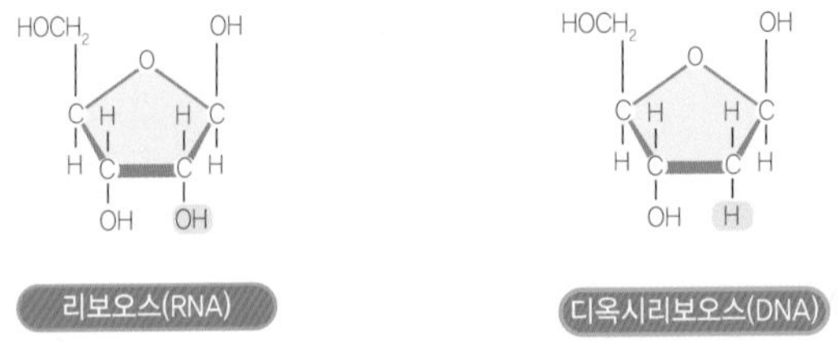

🧪그림 2-23_ 리보오스와 디옥시리보오스

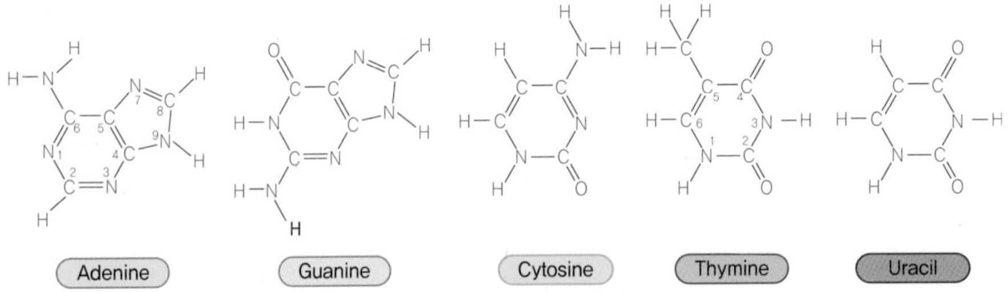

🧪그림 2-24_ DNA와 RNA의 염기들

차 탄소)에서 각각 H와 OH를 가진다. d는 deoxy를 의미하는데 'de'는 '탈'을 의미하고, 'oxy'는 oxygen, 즉 '산소'를 말하는 것이기 때문에 산소가 하나 빠져나갔다는 것을 의미한다.

염기는 아데닌(adenine), 구아닌(guanine), 시토신(cytosine), 티민(thymine), 우라실(uracil) 등을 사용한다. 아데닌, 구아닌, 시토신은 DNA와 RNA에서 공통적으로 사용하고, 예외가 있기는 하나 티민은 DNA에만, 우라실은 RNA에만 존재한다.

뉴클레오티드들은 에스테르 결합에 의해 서로 연결되는데. 구조상 무한정으로 길게 연결될 수 있는 구조로서 이를 폴리뉴클레오티드(polynucleotide)라 부른다.(그림 2-25)

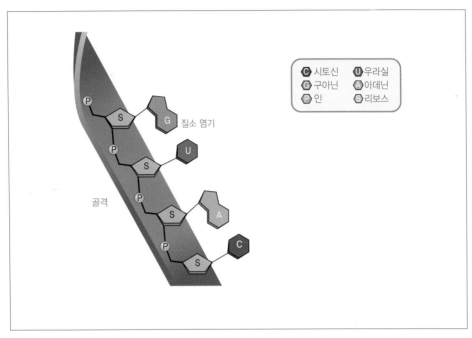

ⓒ 시토신　Ⓤ 우라실
Ⓖ 구아닌　Ⓐ 아데닌
Ⓟ 인　　　Ⓢ 리보스

질소 염기

골격

🧪그림 2-25_ 폴리뉴클레오티드

　RNA는 한줄의 폴리뉴클레오티드인데 비해 DNA는 두 줄의 폴리뉴클레오티드로 이루어져 있다. DNA에서는 각 줄의 염기와 염기 사이가 수소결합을 하고 있다. 이 때 아데닌은 항상 티민과, 구아닌은 항상 시토신과 결합을 하며. 이것을 상보적 결합이라고 부른다. A와 T 사이에는 이중의 수소결합을, C와 G 사이에는 삼중의 수소결합을 하고 있는데, 염기들끼리 안쪽으로 말려 들어가고, 당과 인산이 바깥쪽으로 향하는 구조를 함으로써 중요한 염기를 보호하게 된다. 더욱이 두 줄의 꼬인 나선 구조를 함으로써 확실히 DNA는 염기를 보호하게 되는 것인데, 이것이 바로 Watson과 Crick의 '이중나선(double helix) 구조'이다. 생명체의 가장 중요한 유전정보는 염기서열에 있는데, 이러한 염기서열은 얼마든지 변할 수 있으므로 DNA의 정보는 무한정으로 저장이 가능하기 때문에 유전물질로서 완벽한 구조라고 할 수 있다.

　RNA는 외줄이기에 상대적으로 유전정보를 저장하기에 약하다. 따라서 일부 하등 미생물을 제외하고는 유전정보를 저장하는 데 잘 쓰이지는 않는다. 대신에 DNA의 유전정보를 세포질에 있는 리보좀(ribosome)으로 운반해주는 역할을 담당한다.

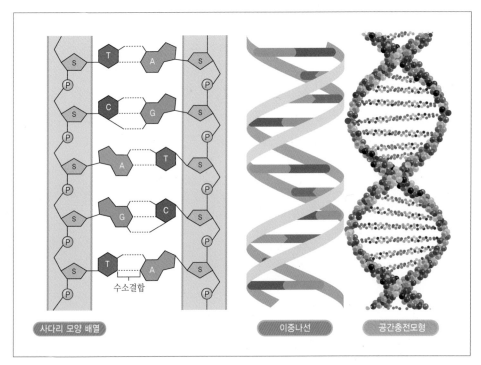

수소결합

사다리 모양 배열　　　이중나선　　　공간충전모형

🧪그림 2-26_ DNA 이중나선 구조

리보좀은 이렇게 운반되어 온 유전정보를 이용하여 단백질을 만드는 합성 공장이다. DNA의 유전정보는 단백질을 만들기 위한 것이다. 일단 단백질만 만들면 모든 생리 현상이 가능하기 때문이다.

　이 과정을 집을 짓는 것과 비교해 보자. 일단 설계도가 필요하다. 그리고 설계도에 따라 작업을 하게 된다. 그러나 설계도의 원본을 직접 현장에 들고 다니는 사람은 아마 없을 것이다. 훼손의 우려 때문이다. 그래서 공사 현장에서는 청사진이라는 복사본을 보통 이용한다. 원본은 안전한 곳에 보관해두고 말이다. DNA가 바로 원본이다. 생명 현상을 총괄하는 작업 설계도이다. 동식물의 세포는 이 중요한 원본을 핵(nucleus)이라는 캐비닛에 안전하게 보관해 둔다. 대신 공사 현장인 세포질에는 mRNA라는 복사본을 만들어 내보낸다. mRNA는 messenger RNA의 약어이다. 'messenger'는 전령, 즉 DNA에 들어 있는 유전정보를 세포질로 운반하는 RNA란 뜻이다. mRNA가 복사해온 유전정보에 따라 세포질에 있는 tRNA와 rRNA가 단백질을 합성한다. tRNA는 transfer RNA의, rRNA는 ribosomal RNA의 약어이다. tRNA는 단백질의 재료인 아미노산을 운반해 나르고, rRNA는 이 아미노산들을 연결하는 공장인 리보좀의 구성 성분이다. 리보좀은 mRNA 위아래에 둥그런 빵처럼 달라붙는다.

종합하자면 DNA는 한 세대에서 다음 세대로 유전정보를 전달해주는 진정한 의미의 유전물질인 동시에, 생물이 살아가는 데 필요한 모든 단백질에 대한 유전암호를 저장하고 있다. RNA는 이 생명 현상의 과정에서 DNA를 도와 단백질을 직접 만드는 역할을 담당하는 것이다.

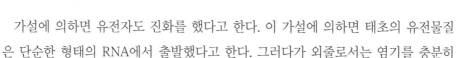

9 유전자의 진화와 중심설

가설에 의하면 유전자도 진화를 했다고 한다. 이 가설에 의하면 태초의 유전물질은 단순한 형태의 RNA에서 출발했다고 한다. 그러다가 외줄로서는 염기를 충분히 보호할 수 없었기 때문에 오랜 시간에 걸쳐 두 줄의 DNA 형태로 변화했다고 한다. 실제로 RNA가 DNA로 바뀔 수 있음이 최근에 AIDS(후천성면역결핍증) 바이러스 등에서 확인되었기에 신빙성 있는 가설로 인정받고 있다. 유전자 발현에서 DNA와 RNA, 그리고 단백질의 상호 관계를 나타낸 것이 1958년 Crick이 발표한 중심설이다.(그림 2-27) 그리고 이 중심설은 후에 역전사(reverse transcription) 현상이 밝혀지면

서 일부 수정되어 오늘까지 전해진다. tRNA와 rRNA는 mRNA에 비해 상대적으로 구조가 안정된 편이다.

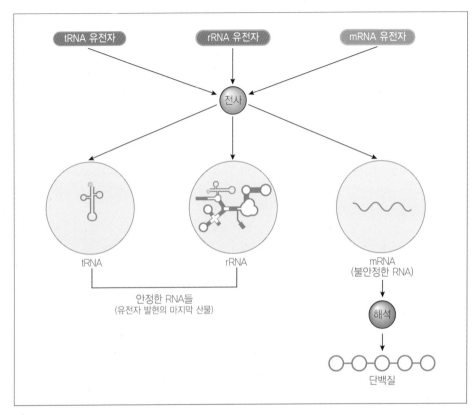

🧪 그림 2-27_ 중심설

비타민

소량이지만 물질대사나 인체 기능을 유지하는 데 반드시 필요한 비타민(vitamin)의 경우 인간은 스스로 합성할 수 없기 때문에 반드시 음식물로서 섭취해야 한다. 비타민은 지용성과 수용성으로 분류할 수 있다. 지용성 비타민에는 A, D, E, K 등이 있고, 수용성 비타민에는 B1, B2, B6, 니코틴산(nicotinic acid), 판토텐산(pantothenic acid), 비오틴산(biotin), 엽산(folic acid), B12, C 등이 있다. 비타민은 우리 몸에 필수적인 요소인 만큼 각각의 비타민이 결핍될 경우 질환에 걸리게 된다.(표 2-2)

표 2-2_ 비타민의 종류

구 분	명 칭	주요 생리 작용	결핍증
지용성	A 레티놀(retinol)	로돕신(시홍의 구성 성분), 세포의 정상 성장과 분화	야맹증, 성장 불량
	D 칼시페롤(calciferol)	장에서의 Ca^{2+} 흡수 촉진, 뼈의 발육과 유지	구루병, 골연화증
	E 토코페롤(tocopherol)	항산화 작용, 불포화지방산의 산화 방지	세포막 파괴
	K 필로키논(phylloquinone)	프로트롬빈 합성에 관여	혈액 응고

11 무기화합물

탄소를 함유하고 있지 않는 물질인 무기화합물(inorganic compound)에는 물과 무기염류(inorganic salt)가 있다. 무기화합물은 비타민과 마찬가지로 인체에 미량으로 존재하면서도 삼투압과 pH를 조절하는 등 생리 기능들을 수행하는 중요한 물질들이다.(표 2-3) 만일 무기화합물의 양이 불균형해지면 탈수와 같은 병리 현상을 겪게 된다.

무기 이온 또는 전해질이라고도 불리는 무기염류들은 물질대사나 삼투압에 관여하는 등의 기능을 수행한다. Na, K, Cl 등은 산과 염기의 평형을 조절해 주며, Ca와 P는 뼈의 정상적인 성장에 필수적이다. Ca는 또 근육의 이완과 수축에 필수적이다. I와 Fe는 각각 갑상선 호르몬인 티록신(thyroxine)과 헤모글로빈의 구성 성분이다. 무기염류는 지나치게 섭취할 경우에도 독성을 나타낼 수 있다. 식물에서는 무기염류의 결핍으로 인한 성장 감소와 잎의 황백화 현상이 보고되어 있다.

 표 2-3_ 무기염류

원 소	기 호	조 성(%)
수소	H	63.0
산소	O	25.5
탄소	C	9.5
질소	N	1.4
칼슘	Ca	0.31
인	P	0.22
염소	Cl	0.03
칼륨	K	0.06
황	S	0.05
나트륨	Na	0.03
마그네슘	Mg	0.01
아연	Zn	미량
구리	Cu	미량

Chapter **03**

세 포

◎ 학습 목표

1. 세포의 정의와 그 특징을 알아본다.

2. 세포를 분류하고 그 차이를 살펴본다.

3. 원핵세포의 구조와 각 부속물의 기능을 요약
   해본다.

4. 진핵세포의 구조와 세포 소기관들의 기능을
   요약해본다.

 세포의 정의와 특징

생물을 구분하는 가장 큰 기준이 되는 세포는 생명의 기본 단위이자 최소 단위라고 할 수 있다. 다시 말하면 생명체를 구성하는 단위 중에서 살아 있는 것으로는 가장 작은 단위라는 뜻이다. 이는 세포 하나만으로도 생명체라 할 수 있다는 것인데, 세포 하나로 이루어진 생물을 단세포 생물이라고 한다. 수많은 종류의 세균이나 아메바 등이 여기에 속한다.

세포의 구조와 기능을 가장 잘 설명한 것은 Schleiden과 Schwann이 주장한 세포설(cell theory)이다. 세포설을 요약하면 첫째, 세포는 생명체의 구조뿐만 아니라 기능 면에서 기본 단위이다. 둘째, 생물체는 세포와 그 산물로 구성되어 있다. 셋째, 반드시 세포는 기존의 세포로부터 만들어지고 다세포 생물의 전체 기능은 개개 세포의 총합으로 이루어진다.

 세포의 분류

세포를 분류하는 기준이 여럿이 있지만, 가장 보편적인 분류는 원핵세포와 진핵세포로 나누는 것이다. 이 둘을 나누는 기준은 세포에 있어서 가장 중요하다고 할 수 있는 '핵'을 보호하는 '핵막'의 유무이다. 즉, 원핵세포라 함은 핵막이 없는 세포를 말한다.

원핵세포(prokaryote)에서 'pro'는 이전이라는 뜻이며, 'kary'는 핵을 의미한다. 즉, 원핵세포는 핵이라고 부르기에는 원시적인 형태의 핵양체(nucleoid)를 가진 세포를 의미한다. Nucleoid는 핵과 유사하다는 의미로 사용된다. 세균이나 효모 등에서 보듯이 대부분의 미생물은 원핵세포를 가지고 있다.

그에 비해 진핵세포(eukaryote)는 핵막이 있어서 핵을 보호하는 세포를 말한다. 'eu'는 진짜라는 뜻으로서 원핵세포의 핵양체와는 달리 진핵세포는 진정한 의미의

핵이 있는 세포로 간주하는데, 이는 결국 원핵세포보다 진화된 세포라는 의미를 가
진다. 진핵세포의 대표적인 예로서 사람을 포함한 동물과 식물의 세포가 있다. 이론
상 세포의 진화 과정을 살펴보면 공통의 조상이 있고, 그로부터 원핵세포와 진핵세
포가 나뉘어진다고 본다. 그 후 원핵세포는 고세균(archaebacteria)과 진정세균(eubac-
teria)으로 분리되었고. 진핵세포는 동물계, 식물계, 원생생물계, 진균계로 분리되어
나간 것으로 추정한다.

① 원핵세포

(1) 원핵세포의 특징

진핵세포와 비교하여 원핵세포의 가장 큰 특징 중 하나는 구조가 단순하다는 것이
다. 진핵세포에서 확인할 수 있는 미토콘드리아, 용해소체, 골지체 등과 같은 세포 소
기관들을 가지고 있지 않다.(그림 3-1) 원핵세포의 대부분은 세균(bacteria)이며, 그 크
기는 대략 0.001mm 정도이다. 원핵세포를 가진 생명체는 태초에 생명이 지구상에
나타났을 때부터 있어 왔을 것으로 추정되며, 다세포 생물인 동물과 식물이 나타나기
전부터 단세포로 출현해 있었을 것이다. 세균의 세포를 통해 원핵세포를 살펴본다.

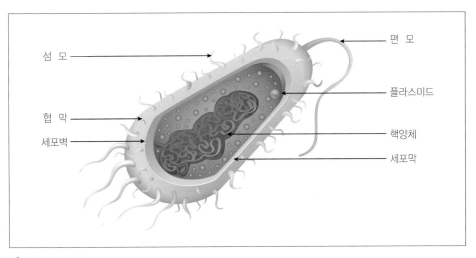

섬 모
편 모
플라스미드
협 막
핵양체
세포벽
세포막

🧪 그림 3-1_ 원핵세포의 구조

(2) 세포벽(cell wall)

진핵세포 중에서 식물과 같은 종류는 세포벽을 가지고 있지만, 사람을 비롯한 동물의 경우에는 세포벽을 가지고 있지 않다. 그러나 원핵세포에는 세포벽이 있다. 원핵세포의 경우 대부분 단세포로 되어 있기 때문에 외부 환경으로부터 보호하기 위해서라고 생각된다. 세포벽의 경우 세포막보다 더 바깥쪽에 위치해 있으며 대부분 가장 바깥쪽에서 세포를 둘러싸고 있기 때문에 세포를 보호하는 역할을 잘 수행할 수 있는 구조이다. 또한 견고한 구조를 하고 있기 때문에 세포가 일정한 형태를 유지할 수 있도록 해준다. 원핵세포의 세포벽은 대부분 '펩티도글리칸(peptidoglycan)'이 주성분인데, 이 펩티도글리칸의 함량에 따라서 Gram 염색을 하게 되면 'Gram 양성균'과 'Gram 음성균'으로 분류되기도 한다. 세포벽을 분해하는 효소로 처리하면 세포벽을 벗겨낼 수가 있는데, 그 결과 세포는 고유의 형태를 잃어버리고 둥그란 원형질체(protoplast)가 되고 만다.

(3) 원형질막(plasma membrane)

원형질막은 인지질(phospholipid)의 이중막으로 되어 있다. 원형질막의 주 기능은 세포 내외로 물질을 선택적으로 투과할 수 있도록 해준다. 뿐만 아니라 세포 내의 환경을 외부로부터 격리함으로써 최적의 상태로 유지해주는 역할을 한다.

(4) 세포질(cytoplasm)

세포막 내의 세포질에는 세포가 살아가기 위해 필요한 각종 핵산, RNA, 아미노산, 지방산, 무기물 등과 핵, 리보좀, 미토콘드리아 등의 세포소기관들이 분산되어 있다.

(5) 핵양체(nucleoid)

세균은 핵막이 없기 때문에 핵양체의 형태로 염색체 DNA(chromosomal DNA)가 세포질에 떠 있는 것처럼 존재한다. 세균의 염색체는 염색체라기보다 그냥 DNA가 세포질에 펼쳐져 있는 형태인데, 전체적으로 잘 펼쳐보면 둥그런 환상 구조(circular form)를 하고 있다. 길이는 대개 $3×10^6$bp 정도라 추산된다.(bp는 DNA의 길이를 나타내는 단위인 base pair의 약어로써 염기쌍의 수를 나타낸다.) 사람의 DNA는 약 $6×10^9$bp 정도이다.

(6) 편 모(flagella)

편모는 세균 세포가 운동할 수 있도록 파상 운동을 하여 세포가 일정한 방향으로 움직일 수 있도록 해준다. 세균 중에도 편모가 있는 것이 있고 없는 것도 있다.

(7) 섬 모(pili, fimbriae)

편모보다 가늘고 짧은 형태를 가진 구조물로 세균의 표면에 존재한다. 주로 세균이 숙주 세포에 부착함으로써 침입할 수 있도록 도와주는데, 접합 섬모 또는 성섬모라 불리는 특수한 섬모는 플라스미드 DNA를 교환하는 기능을 가지기도 한다.

(8) 협 막(capsule)

세균 중에는 가장 바깥쪽에 점액성 물질로 덮여 있는 것들이 있는데, 이러한 점액성 부분을 협막이라고 한다. 협막은 백혈구의 식균 작용으로부터 회피할 수 있는 기능을 하기 때문에 협막을 가지고 있는 세균의 경우에는 병원성이 높다고 볼 수 있다.

(9) 아 포(spore, 내생포자)

일부 세균의 경우 생존에 불가능한 환경에 처해지면 아포를 형성하여 휴면상태로 존재하였다가 생존이 가능한 환경이 되면 발아하듯 원래 상태인 영양상태가 되어 증식하게 된다. 아포는 열이나 건조, 동결, 방사선 등에도 강한 내구성을 가지기 때문에 아포를 가진 세균의 경우에는 사멸시키는 것이 매우 어렵다. 따라서 아포를 가지고 있는 세균까지 사멸시키는, 즉 모든 세균을 죽이는 방법을 '멸균'이라고 한다.

(10) 플라스미드(plasmid)

어떤 세균은 염색체 DNA 외에 DNA 조각을 가지고 있기도 하는데, 이를 플라스미드라고 부른다. 플라스미드에는 항생제내성을 나타내는 유전자가 들어 있어서 항생제에 내성을 가지게 한다. 플라스미드는 염색체와 상관없이 독자적으로 분열이 가능하기 때문에 하나의 세균 속에서 수십 내지 수백 개까지도 발견되며 세균에서 넣고 빼는 것이 어렵지 않다. 이러한 성질을 이용해 우리가 원하는 유전자를 플라스미드 DNA에 재조합한 다음 다시 세균에 넣어 주면 이 유전자에 의해 우리가 필요로 하는 단백질을 대량으로 만들 수 있다. 이것이 바로 유전공학의 원리이다.(그림 3-2)

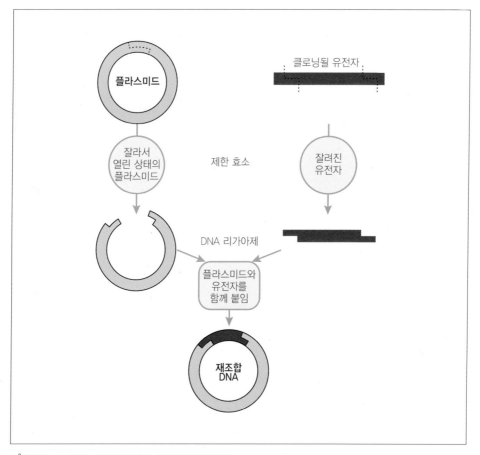

🧪그림 3-2_ 플라스미드를 이용한 유전자 재조합 기술

② 진핵세포

진핵세포에는 핵막이 있으며, 원핵세포보다 크고 복잡한 구조를 가지고 있다. 핵속에는 DNA가 있는데 염색체라는 형태로 되어 있다. 유전정보를 가진 DNA가 핵속에 있는 반면에 리보좀 등 단백질합성장치들은 세포질에 위치하고 있기에 DNA

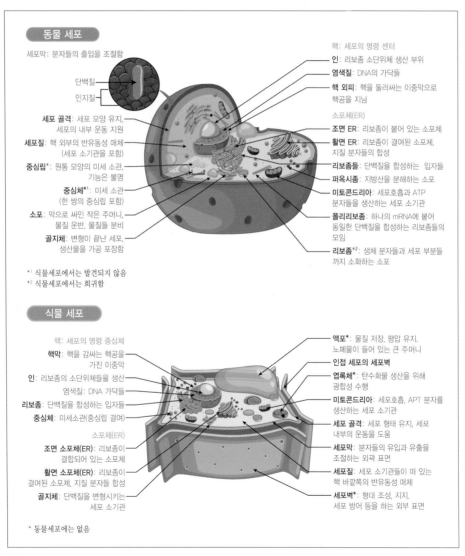

동물 세포

세포막: 분자들의 출입을 조절함
단백질
인지질
세포 골격: 세포 모양 유지, 세포의 내부 운동 지원
세포질: 핵 외부의 반유동성 매체 (세포 소기관을 포함)
중심립*¹: 원통 모양의 미세 소관, 기능은 불명
중심체*¹: 미세 소관 (한 쌍의 중심립 포함)
소포: 막으로 싸인 작은 주머니, 물질 운반, 물질들 분비
골지체: 변형이 끝난 세포, 생산물을 가공 포장함

*¹ 식물세포에서는 발견되지 않음
*² 식물세포에서는 희귀함

핵: 세포의 명령 센터
인: 리보좀 소단위체 생산 부위
염색질: DNA의 가닥들
핵 외피: 핵을 둘러싸는 이중막으로 핵공을 지님
소포체(ER)
조면 ER: 리보좀이 붙어 있는 소포체
활면 ER: 리보좀이 결여된 소포체, 지질 분자들의 합성
리보좀들: 단백질을 합성하는 입자들
퍼옥시좀: 지방산을 분해하는 소포
미토콘드리아: 세포호흡과 ATP 분자들을 생산하는 세포 소기관
폴리리보좀: 하나의 mRNA에 붙어 동일한 단백질을 합성하는 리보좀들의 모임
리보좀*²: 생체 분자들과 세포 부분들까지 소화하는 소포

식물 세포

핵: 세포의 명령 중심체
핵막: 핵을 감싸는 핵공을 가진 이중막
인: 리보좀의 소단위체들을 생산
염색질: DNA 가닥들
리보좀: 단백질을 합성하는 입자들
중심체: 미세소관(중심립 결여)
소포체(ER)
조면 소포체(ER): 리보좀이 결합되어 있는 소포체
활면 소포체(ER): 리보좀이 결여된 소포체, 지질 분자들 합성
골지체: 단백질을 변형시키는 세포 소기관

* 동물세포에는 없음

액포*: 물질 저장, 팽압 유지, 노폐물이 들어 있는 큰 주머니
인접 세포의 세포벽
엽록체*: 탄수화물 생산을 위해 광합성 수행
미토콘드리아: 세포호흡, APT 분자를 생산하는 세포 소기관
세포 골격: 세포 형태 유지, 세포 내부의 운동을 도움
세포막: 분자들의 유입과 유출을 조절하는 외곽 표면
세포질: 세포 소기관들이 떠 있는 핵 바깥쪽의 반유동성 매체
세포벽*: 형대 조성, 지지, 세포 방어 등을 하는 외부 표면

🧪그림 3-3_ 동물세포와 식물세포

의 정보를 복사한 mRNA가 핵에서 세포질로 옮겨 다니려면 그만큼 시간이 더 걸리고 복잡한 전달 과정을 필요로 한다. 동물세포와 식물세포가 진핵세포에 해당한다.

(1) 핵, 핵막

진핵세포의 핵(nucleus)은 핵막(nuclear envelope)으로 둘러싸여 있다. 핵막 역시 인지질의 이중막으로 구성되어 있다. 핵막에는 핵공(nuclear pore)이라고 하는 터널 같은 구조가 있어 세포질과의 물질 교류가 가능한데, 선택적으로 투과하기 때문에 항상 핵의 내부는 최적 상태로 유지될 수 있다. 핵 내의 염색체는 히스톤(histone) 단백질에 실처럼 DNA가 감겨 있는 형태이다. 염색체의 수는 생물 종에 따라 서로 다르다. 사람의 경우에는 일반적으로 23쌍, 총 46개의 염색체를 가지고 있는데, 이 중 44개는 체세포 염색체이고 2개가 성염색체이다.(그림 3-4) 일반적으로 여성은 성염색체가 XX, 남성은 XY의 조합을 가진다.

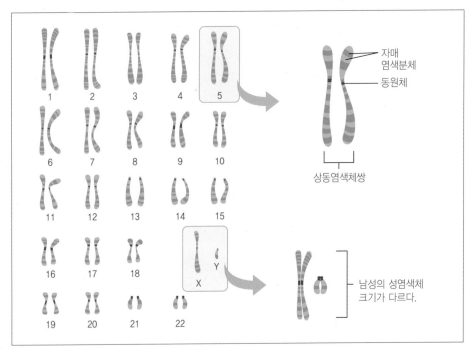

그림 3-4_ 사람의 염색체

(2) 원형질막(plasma membrane)

　세포막(cell membrane)이라고도 불리는 진핵세포의 원형질막 역시 인지질의 이중 막으로 되어 있으며, 군데군데 막단백질이라 불리는 단백질과 콜레스테롤 등의 지질이 포함되어 있다.(그림 3-5) 선택적 투과성을 가지기 때문에 세포 내 환경이 적절하게 유지될 수 있도록 조절해주며, 영양분과 노폐물과 같은 물질의 출입을 통제한다.

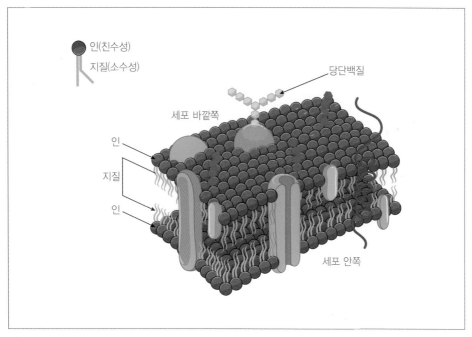

　　인(친수성)
　　지질(소수성)
　　　　　　　　　　　　　　당단백질
　　　세포 바깥쪽
인
지질
인
　　　　　　　　　　　세포 안쪽

🧪그림 3-5_ 원형질막

(3) 세포질(cytoplasm)

　세포막 내에서 핵을 제외한 나머지 부분을 세포질이라고 하는데, 여러 세포소기관 (cell organelle)들과 영양성분이 있다. 세포질 내의 물질들이 어느 정도 유동적이기는 하지만 완전히 자유스럽게 흘러 다니는 것은 아니다. 세포내골격(cytoskeleton)이라 불리는 미세한 단백질이 섬유처럼 퍼져 있어 뼈대처럼 지지해준다. 세포내골격 때문에 세포의 형태도 유지된다.

(4) 리보좀(ribosome)

단백질을 합성하는 역할을 하는 리보좀은 rRNA와 단백질의 조합으로 되어 있다. 리보좀은 소포체에 붙어 있기도 하지만, 세포질에 자유롭게 떠 있는 것(free-ribosome)들도 있다.

(5) 소포체(endoplasmic reticulum, ER)

핵막으로부터 가지처럼 뻗어 나온 막 성분의 구조인 소포체는 리보좀이 붙어 있는 조면소포체(rough endoplasmic reticulum, RER)와 리보좀이 없는 활면소포체(smooth endoplasmic reticulum, SER)의 두 가지가 있다.(그림 3-6) 리보좀에서 합성된 폴리펩티드는 조면소포체에서 2, 3, 4차 구조를 형성한 후 소포체 끝부분 막에 둘러싸여서 세포 내외로 운반된다. 이 과정에서 사용된 막 성분은 재활용된다. 활면소포체에서는 리보좀이 없어 단백질을 합성하지는 못하는 대신에 지질과 당이 합성된다. 근육세포에서는 활면소포체가 칼슘을 저장하는 역할을 한다. 칼슘은 근육의 수축과

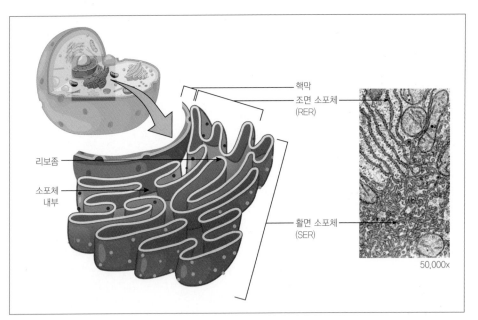

그림 3-6_ 소포체

이완에 절대적으로 필요한 성분이다. 간세포의 활면소포체는 해독 작용(detoxication)도 한다.

(6) 골지체(Golgi apparatus)

소포체에서 합성된 단백질은 그 자체로서 기능을 하기보다는 당이나 지질, 인 등이 부가되어 형태 변화를 거친 후에야 비로소 기능을 할 수 있다. 이에 소포체에서 만들어진 단백질은 소낭이라는 구조에 의해 골지체로 옮겨지게 되고 여기에서 당, 지질, 인 등이 붙게 된다. 이러한 순서로 제 기능을 가진 단백질은 다시 소낭에 의해 분비되거나 세포 내로 옮겨지게 된다.

(7) 사립체(mitochondria)

살아가기 위해서 세포 내에서 일어나는 호흡을 세포호흡이라 하며, 그 결과로 에너지를 만들어낸다. 이 모든 것이 일어나는 곳이 사립체이다.(그림 3-7) 또한 사립체에는 자체 DNA가 있어 스스로 분열도 가능하다. 이 때문에 사립체는 초기에 독립적인 세균이 진화되는 과정에서 큰 진핵세포와 공생하게 된 것으로 추정하고 있다.

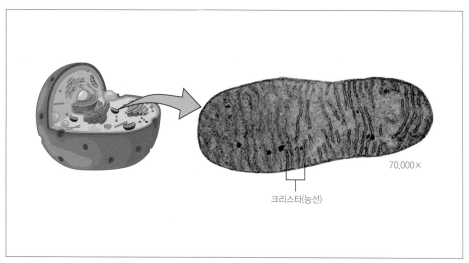

70,000×

크리스타(능선)

그림 3-7_ 사립체

(8) 소 낭(vesicle)

세포 내에서의 물질 이동에 중요한 역할을 하는 막 성분으로 된 작은 주머니 구조를 소낭이라 부른다. 물질을 목적지로 옮긴 다음에는 막이 재순환된다.

앞서 소포체 내의 단백질이 골지체로 이동할 때 소포체 막의 일부가 떨어져 나와 단백질을 둘러싼다고 하였는데, 이것이 소낭의 예라고 할 수 있다.

용해소체(lysosome)는 소낭 중에서도 특별히 분화된 것이다. 용해소체 안에는 여러 종류의 가수분해효소들이 있어서 세포에 세균과 같은 외부 물질이 침범하면 분해해버리는 역할을 한다. 또한 발생 과정에서 손가락 등이 생기게 될 때 손가

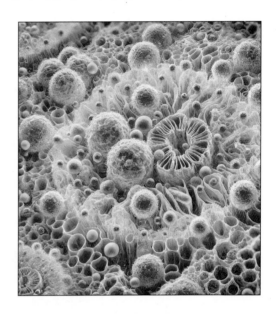

락 사이의 필요 없는 세포들을 없애주거나 올챙이의 꼬리를 분해해 주는 것도 용해소체의 역할이다.

(9) 그 외 세포 소기관

🌿 세포벽

진핵세포의 가장 바깥쪽을 둘러싼 보호층을 세포벽이라고 하며, 동물세포에는 세포벽이 없으나 식물세포에서 발견된다. 주성분은 다당류(polysaccharide)이고 세포 보호와 지지 작용을 한다. 특히 식물의 세포벽은 수분이 과다하게 유입되었을 때 세포가 터지는 것을 막아준다.

🌿 섬모와 편모

길고 서너 개 정도의 편모(flagella)와, 짧고 그 수가 많은 섬모(cilia)는 일정한 방향

으로의 운동을 하게 한다. 정자는 편모라는 꼬리의 운동으로 이동하며, 호흡기 내에 있는 섬모들은 운동을 통해 오염 물질을 밖으로 배출시킨다.

색소체

주로 물질 저장의 역할을 담당하고 있다. 가장 대표적인 색소체(plastid)는 엽록체(chloroplast)로, 클로로필(chlorophyll)이라는 색소로 인하여 태양빛을 받아들여서 광합성이 가능하다.

액 포

주로 식물세포에서 발견되는데, 물, 단백질, 당, 색소, 무기 이온뿐만 아니라 노폐물까지도 저장할 수 있다. 노화된 세포일수록 관찰이 잘 된다.

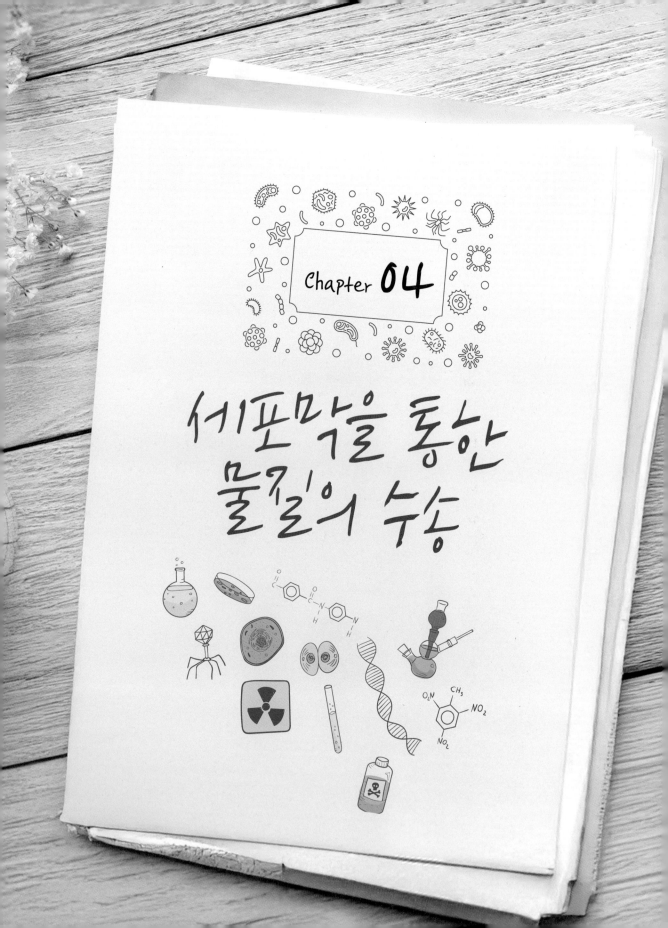

Chapter **04**

세포막을 통한
물질의 수송

◎ 학습 목표

1. 세포막의 구조와 기능을 알아본다.

2. 수동수송과 능동수송의 차이를 살펴본다.

3. 확산과 삼투의 특징을 요약해본다.

4. 능동수송과 대량 수송, 수용체매개 세포내유
   입을 요약해본다.

1 세포막과 물질 이동

세포막은 세포의 경계를 구분하면서 외부 환경으로부터 내부를 보호하고, 필요에 따라서 인접한 세포들을 서로 결합시켜 주는 기능을 한다. 뿐만 아니라 필요한 물질의 수송에 관여하기 때문에 물질의 출입을 적절히 통제하는 '선택적 투과성'이라고 하는 중요한 기능을 한다.

세포막은 인지질의 이중막(phospholipid bilayer)으로 되어 있는데(그림 4-1, 2장 지질 참고), 세부적인 구조는 유동 모자이크 모델로 설명할 수 있다.

유동(有動)은 움직임이 있다는 뜻으로 세포막이 고정되어 있는 형태가 아니라 필요에 따라 이쪽저쪽으로 움직일 수 있다는 의미이다. 외부 충격에도 세포막이 쉽게 손상받지 않는 것은 인지질이 유동적이기 때문에 일부 손상되어도 주위의 인지질들

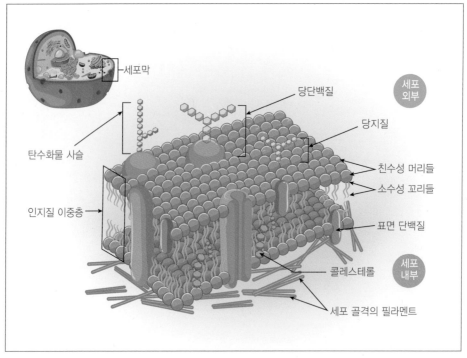

🧪 그림 4-1_ 세포막의 구조

로 인하여 곧바로 수선되기 때문이다.

모자이크 모델이라는 뜻은 세포막을 구성하는 대다수의 인지질 곳곳에 단백질이 박혀 있는 듯한 모습이 마치 모자이크 모양으로 보인다고 하여 칭한 것이다. 이때 세포막에 존재하는 단백질은 외부 물질과 결합하여 세포에 영향을 주는 수용체(receptor)로도 작용하거나 외부의 신호를 세포 내로 전달하는 역할을 한다. 또한 세포 내외로 물질이 이동하도록 도와주는 터널의 역할을 하기도 한다.

동물의 세포막에는 인지질의 사이사이에 콜레스테롤(cholesterol)이 많이 들어 있어서 인지질 사이의 작은 틈새까지도 메꾸어 주는 역할을 한다. 이러한 구조를 함으로써 물질이 필요 없이 세포 내로 들어오는 것을 막을 수 있으며, 세포벽이 없는 동물세포에 견고성을 높여준다.

세포막의 이러한 유동모자이크 성질은 핵막이나 소포체, 골지체와 같은 세포 내 소기관들의 막에도 동일하게 적용된다.

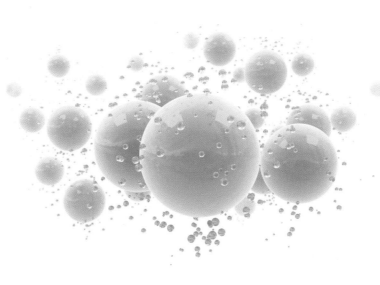

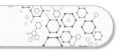

2 확 산

확산은 농도가 높은 곳에서 낮은 곳으로 물질(용질)이 이동하는 방법을 말한다. 용질(solute)은 물에 녹아 있는 물질을 말한다.(그림 4-2) 확산은 농도 차에 의해 자연스럽게 이동하는 방법이기 때문에 에너지를 필요로 하지 않는 수동수송의 하나이다. 전기를 띠지 않은, 그리고 분자량이 작은 물질들이 이러한 확산(simple diffusion)에 의해 이동하는데, 특별한 단백질의 도움 없이도 세포막을 자유로이 통과할 수 있는 특징을 가지며 온도와 농도를 높여주면 더욱 촉진된다.

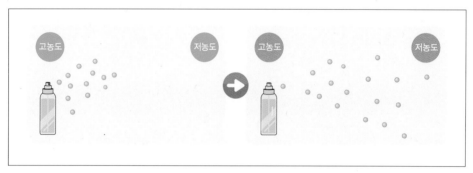

🧪그림 4-2_ 확 산

3 삼 투

삼투(osmosis)는 물(용매)이 용질의 농도가 낮은 곳에서 높은 곳으로 이동하는 것을 말한다.(그림 4-3) 용질의 농도에 따라 용액은 등장액(isotonic solution), 고장액 (hypertonic solution), 저장액(hypotonic solution)으로 분류한다.

팽압(turgor pressure)은 세포의 안쪽에서 세포벽을 향해 작용하는 탄력을 말하는 것으로, 이 역시 물의 이동 때문에 생기는 압력이다. 팽압은 식물의 잎과 꽃들이 성장도 하고 탄력도 있도록 해주는 힘이 된다.

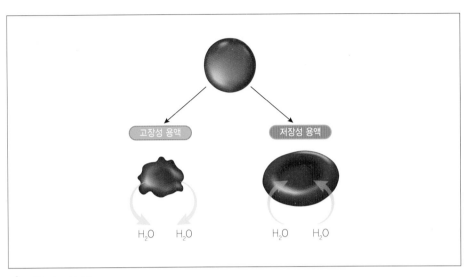

🧪 그림 4-3_ 삼 투

4 촉진확산

촉진확산 역시 단순 확산과 동일하게 농도가 높은 곳에서 낮은 곳으로의 확산이다.(그림 4-4) 따라서 에너지가 필요 없는 수동수송이다. 그러나 물질의 이동이 세포막에 있는 단백질 터널의 도움을 받아 일어난다는 점이 지금까지의 수동수송의 차이점이라고 할 수 있다. 촉진확산은 세포막을 자유로이 통과하지 못하는 K^+, Na^+ 등과 같이 전기를 띠고 있는 이온이나 포도당처럼 비교적 분자량이 큰 물질들이 이동하는 방법이다.

촉진확산(facilitated diffusion)은 기질에 따라 특정 단백질의 도움을 필요로 한다. 촉진확산도 온도와 농도가 높을수록 촉진된다.

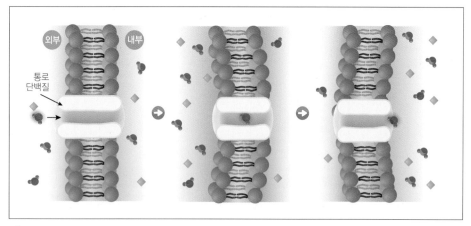

🧪 그림 4-4_ 촉진확산

5 ◯ 능동수송

능동수송(active transport)은 앞에서 이야기한 수동수송과 달리 낮은 농도에서 높은 농도로 물질이 이동하는 것을 말한다.(그림 4-5) 농도를 거슬러가기 때문에 반드

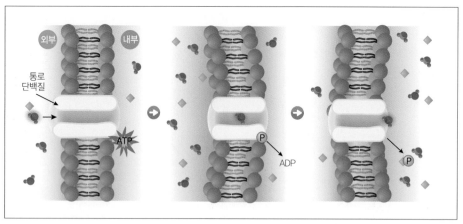

🧪 그림 4-5_ 능동수송

시 에너지를 필요로 하는 수송으로서 ATP가 사용된다. 능동수송 역시 단백질의 도움을 필요로 한다. 대표적인 예로는 세포 내에 아미노산이나 K⁺ 등을 고농도로 축적시키기 위한 펌프 작용이 있다.

6 대량수송

대량수송(bulk transport)은 막주머니를 이용하며 에너지를 필요로 하는 운반이다.(그림 4-6) 대량수송에는 세포내이입(endocytosis)과 세포외유출(exocytosis)의 두 가지가 있다.

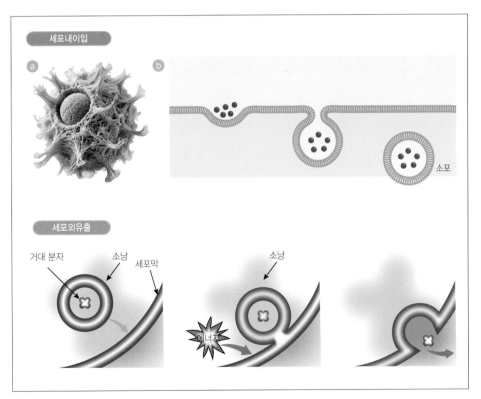

그림 4-6_ 대량수송

① 세포내이입

세포내이입은 물질을 안으로 받아들이는 방법으로, 액체나 분자 수준의 물질들을 안으로 받아들이는 음세포 작용(pinocytosis)과 고체 물질을 받아들이는 식작용 (phagocytosis)이 있다. 음세포 작용의 예로는 AIDS virus가 세포에 감염되는 것을 들 수 있으며, 식작용의 예로 단세포 생물의 음식물 섭취 과정이나 백혈구의 세균 퇴치 과정이 있다.

② 세포외유출

세포외유출은 거꾸로 밖으로 배출하는 것을 말한다. 소화효소나 호르몬(hormone), 신경전달물질(neurotransmitter), 노폐물 등을 세포가 분비하는 것이 그 예이다.

7 수용체매개 세포내유입

수용체매개 세포내유입은 세포막의 수용체를 이용하여 외부의 물질을 받아들이는 것을 말한다. 이때 수용체에 결합할 수 있는 물질들만 선택적으로 이동시킨다는 특징을 가지고 있다.

모체의 혈액 내 물질이 태반을 통하여 태아의 혈액으로 들어갈 때 수용체매개 세포내유입이 이루어진다.

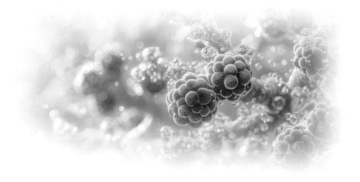

Chapter 05

세포분열과
세포사

◎ 학습 목표

1. 세포분열을 분류하고 요약해본다.

2. 세포주기를 정리하고 요약해본다.

3. 체세포분열과 감수분열을 살펴본다

4. 세포분화의 의미를 살펴본다.

 # 1 유사분열과 무사분열

세포분열을 통하여 만들어진 새로운 세포는 성숙과 분화를 한 후 고유의 기능을 하면서 살아가다가 세포 노화를 거치다가 사멸한다.

세포분열을 크게 나누면 유사분열과 무사분열로 나눈다. 유사분열은 다시 체세포에서 일어나는 체세포분열(mitosis)과 생식세포에서 일어나는 감수분열(meiosis)로 나눌 수 있다.

유사분열을 'mitosis'라 번역하기도 하는데, 엄밀히 말하면 옳지 않다. 유사분열은 세포가 분열하는 과정에서 염색체를 좌우로 끌어당기는 실과 같은 구조인 방추사(spindle)가 나타난다. 그런데 생식세포 분열에서도 방추사가 관찰이 되기 때문에 체세포의 분열과 생식세포의 분열, 모두가 유사분열이라고 해야 할 것이다.

일반적으로 체세포는 분열하여도 염색체의 수가 변화하지 않는 데 비해 생식세포는 분열하게 되면 염색체의 수가 절반으로 감소하기 때문에 감수분열이라 부른다. 따라서 'mitosis'를 체세포분열로, 'meiosis'를 '감수분열'로 부르는 것이 맞는 표현이라 할 수 있다.

유사분열의 의미에 대비하여 무사분열은 방추사 없이도 분열이 가능한 것을 말한다. 원핵세포이자 단세포생물인 세균의 이분법이 대표적이다.

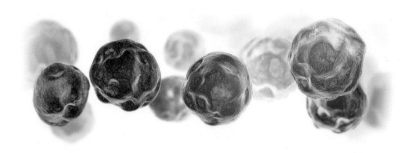

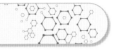

2 세포주기

    사람이 살아가면서 노화의 주기를 겪듯이 세포의 일생 역시 일정한 주기를 겪게 된다. 세포분열도 이러한 주기의 한 부분이다. 흔히 세포의 분열을 생각할 때 핵과 염색체의 분열만을 강조하고 있으나 세포분열은 엄연히 핵의 분열과 세포질의 분열이 조화를 이루어야 한다. 세포의 주기는 간기(interphase), 핵분열기(mitosis), 세포질 분열기(cytokinesis)의 3단계로 이루어지며(그림 5-1), 간기는 다시 G_1, S, G_2로 세분화 된다.

    간기는 세포분열이 끝난 직후에서 다음번 세포분열까지의 중간 단계를 말한다. 이 시기에 핵에서는 염색체가 분열을 막 마쳤기 때문에 길고도 가늘어 관찰이 어려운 시기이다. 간기 중 첫 단계는 G_1이다. G_1 시기는 분열한 어린 세포가 리보소움 등 세포소기관과 필요한 효소들을 충분히 합성하고 정상 크기로 회복되는 시기이다. 두 번째인 S 시기는 DNA가(염색체의 형태로) 분열을 앞두고 복제, 합성되는 시기이다. 이 때 염색체는 복제가 되어 동원체(centromere)라는 구조에 서로 묶여 있게 된다. DNA

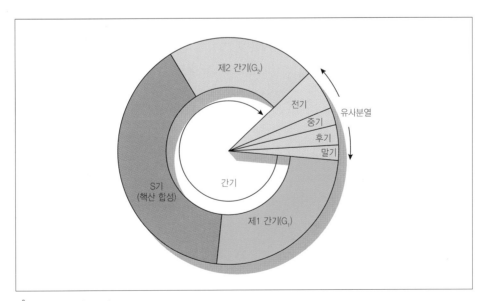

🧪 그림 5-1_ 세포주기

는 유전물질이기에 정확하게 복제하는 것이 대단히 중요하다. 혹시나 복제된 DNA에 잘못이 있지나 않은지 점검하는 시기가 G_2이다. G_2는 이렇게 합성된 DNA에 잘못된 부분이 있으면 수리해주는 시기이다.

핵분열기는 이렇게 합성된 DNA가 2개의 핵으로 나뉘어지는 과정이다. 체세포분열의 핵분열에 직접 해당하는 시기이다. 핵분열의 마지막 단계에서 세포질이 나뉘어지는데, 이 시기를 세포질 분열기라 부르며, 핵분열기의 후기에 시작하여 말기까지 병행 진행된다. 체세포분열의 결과 동일한 세포가 2개 만들어진다.

3 세포분열

1 세포분열의 결과

체세포분열의 결과 유전적으로나 형태상으로 완전히 동일한 세포가 두 개 만들어진다. 체세포분열은 우리 신체를 구성하는 세포들의 분열이다. 이런 분열 방법은 상처 난 피부가 재생되어 치료되는 모습이나 암세포가 분열하는 모습에서 볼 수 있다.

감수분열은 정자와 난자 같은 생식세포를 만들기 위한 분열이다. 감수분열을 거치고 나면 염색체의 수가 절반으로 감소된다. 감수분열은 정자와 난자의 결합, 즉 수정을 해야 하는 생물들이 염색체 수를 일정하게 유지하기 위한 수단이다. 감수분열이 없다면 염색체는 세대를 거듭하면서 무한정 늘어날 것이기 때문이다. 우리 몸을 구성하고 있는 체세포는 대부분 특수한 경우 외에는 분열하지 않지만 분열할 경우 평균 소요 시간은 약 24시간이다.

2 체세포분열

체세포분열(mitosis)에서 핵의 분열은 4단계로 나누어진다.(그림 5-2) 전기(prophase), 중기(metaphase), 후기(anaphase), 말기(telophase)가 그것이다. 전기에는

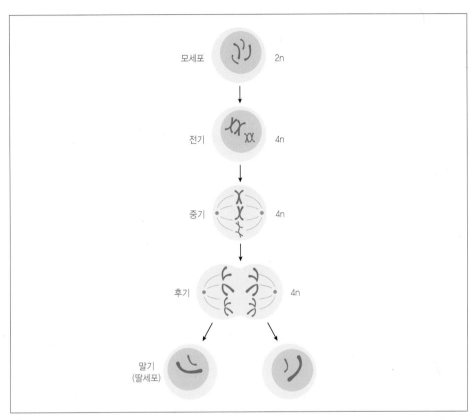

모세포   2n

전기   4n

중기   4n

후기   4n

말기
(딸세포)

🧪 그림 5-2_ 체세포분열

핵막이 사라지며 염색체가 응축되고 방추사(spindle)가 형성된다. 중기에는 복제된 염색체들이 적도판에 배열되며, 후기에는 각각의 염색분체(chromatid)가 방추사에 의해 양쪽 극으로 이동한다. 말기에는 방추사가 소실되고 핵막이 다시 재생된다.

③ 감수분열

흔히 생식세포의 분열이라고 할 수 있는 감수분열은 두 번에 걸친 세포분열로 제1분열과 제2분열로 나누어 진행된다.(그림 5-3) 이렇게 감수분열이 이루어지면 딸세포(daughter cell)가 4개로 만들어진다. 남자의 경우에는 이 4개의 딸세포 모두가 정자가 되지만, 여자의 경우에는 3개는 극체(polar body)가 되고 1개만이 정상적인 난자로 발생된다. 극체의 경우 기능이 없이 퇴화된 세포이다.

제1분열은 체세포분열과 매우 유사하지만, 전기에서 상동염색체(homologous chro-mosome) 간에 유전자 교환이 일어난다는 점이 차이점이라 할 수 있다.

상동염색체(homologous chromosome)란 같은 한 쌍의 염색체로서 같은 유전자들

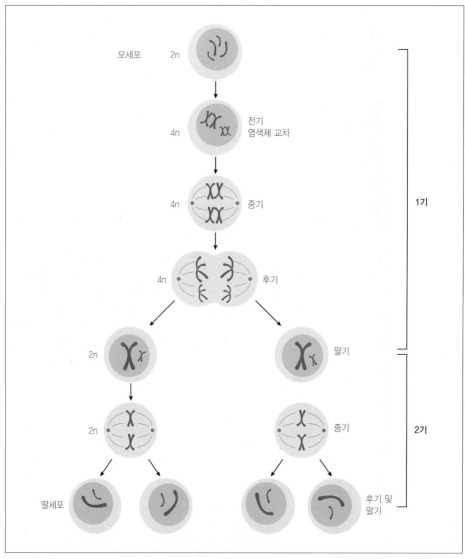

🧪 그림 5-3_ 감수분열

로 구성된 염색체를 말한다. 일반적으로 사람의 세포에는 총 46개의 염색체가 존재하는데, 이 중 44개가 체세포의 염색체, 2개가 성염색체이다. 체세포의 염색체는 번호를 붙여서 구분하는데 크기순으로 붙인다. 다만 21번과 22번은 크기가 뒤바뀌어 있다는 점은 주의해야 한다. 각 염색체마다 2개씩 쌍으로 존재하는데, 쌍을 이룬 이러한 염색체들을 상동염색체라고 부른다. 상동염색체끼리는 존재하는 유전자의 종류가 같지만, 어느 한쪽이 우성이거나 열성일 수 있다. 따라서 이렇게 염색체의 교차가 일어나면서 상동염색체에 있는 유전자들의 조합이 우성, 열성에 의해 달라질 수 있다. 이러한 유전자 재배열로 인하야 다음 세대로 형질이 다양하게 전해지는 것이 가능하게 된다.

중기가 되면 체세포분열의 경우 쌍을 이루지 않고, 각각의 염색체들이 일렬로 배열하기 때문에 염색체의 수가 변화가 없는 반면, 감수분열의 경우 상동염색체별로 쌍을 이루어 적도판에 배열되기 때문에 분열 후 염색체의 수가 절반으로 줄어들게 된다.

제2분열은 이미 염색체들이 복제되어 있으므로 그대로 양극으로 각각의 염색분체가 이동함으로써 분열하게 된다. 즉 체세포분열과 동일한 과정이라고 볼 수 있다.

종종 정상적으로 감수분열이 일어나지 못할 경우가 있다. 그 결과 사람의 염색체가 23개가 아닌 22개 또는 24개 이상인 생식세포가 만들어진다. 이러한 생식세포와 23개의 염색체를 가진 또 다른 생식세포가 수정(fertilization)하게 되면 46의 염색체가 아닌 45개나 47개의 염색체를 가지게 된다. 이들의 대표적인 예가 각각 터너증후군(Turner's syndrome)과 다운증후군(Down syndrome) 등이다.

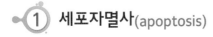

4 세포사

① 세포자멸사(apoptosis)

세포분열을 통하여 새로 탄생한 세포는 일정한 주기를 거치면서 분열하는데, 대부

분의 세포는 그 분열의 횟수가 정해져 있다. 그 횟수를 모두 채우게 되면 세포는 자발적으로 죽게 되는데, 이를 '프로그램된 세포의 죽음(programmed cell death)'이라는 의미로 세포자멸사라고 한다.

② 괴사(necrosis)

세포자멸사와 달리 괴사는 생체 내에 내재된 여러 요인(내인)이나 외부에서 가해지는 요인(외인)으로 발생하는 세포의 죽음을 말한다. 세포가 일단 괴사되면 원래대로 돌아갈 수 없기 때문에 비가역적이라 할 수 있다.

5 세포분화

인체는 약 10^{14}개의 세포들이 모여서 만들어졌으며, 매우 다양한 세포들이 서로 다른 기능을 함으로써 생명 활동을 이어간다. 하지만 하나의 수정란이 일종의 분열과정을 통하여 모든 세포가 만들어졌기 때문에 동일한 유전자를 가진 세포이다. 즉 일부 예외가 있기는 하지만 하나의 생명체를 구성하는 모든 세포가 동일한 유전자를 가지지만 조직의 형태나 기능에 따라 유전자의 발현 조합이 다르기 때문에 서로 다른 특정 조직으로 발달할 수 있다. 이렇게 기능에 맞게 그 세포의 형태가 변하는 것을 분화(differentiation)라고 한다.

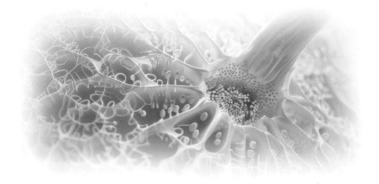

Chapter 06

조직 & 기관

◎ 학습 목표

1. 4대 조직을 분류하고 각 조직의 특징을 알아본다.

2. 기관과 기관계에 대해 요약해본다.

3. 근육과 신경의 구조와 기능을 살펴본다.

4. 순환계, 호흡계, 배설계 등을 요약해본다.

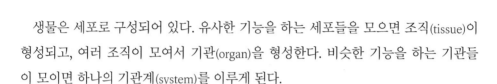

생물은 세포로 구성되어 있다. 유사한 기능을 하는 세포들을 모으면 조직(tissue)이 형성되고, 여러 조직이 모여서 기관(organ)을 형성한다. 비슷한 기능을 하는 기관들이 모이면 하나의 기관계(system)를 이루게 된다.

동물의 조직은 상피조직, 결합조직, 근육조직, 신경조직으로 나눌 수 있으며, 이를 흔히 4대 조직이라고 한다.

① 상피조직

상피조직(epithelial tissue)은 피부와 같은 신체의 표면이나 내부 장기 등의 표면을 덮고 있는 세포층이다. 상피조직을 구성하는 세포들은 서로 밀착되어 있기 때문에 세포간질이 거의 없다. 또한 세포분열능이 높기 때문에 손상된 부분을 빠르게 치유할 수 있는 능력을 가지고 있다.

상피조직은 보호, 흡수, 감각 등의 다양한 기능을 하는데, 특히 샘상피의 경우에는 특수하게 분화되어 분비의 기능을 보인다.

상피세포의 다양한 기능을 살펴보면, 대표적으로 외부 충격이나 마찰 등으로부터 인체를 보호해주는 것이 있으며, 물질 출입의 적절한 통제나 신장에서와 같이 노폐물을 적절하게 걸러주어 소변을 만들어내는 일도 담당한다. 뿐만 아니라 수분의 증

◇ 표 6-1_ 동물의 조직

조직 이름	조직 구조	주요 위치
상피조직	밀집되어 촘촘히 쌓여 있음	신체 또는 장기의 바깥층, 소화층의 내벽, 혈관 내벽
결합조직	액상조직에 느슨하게 퍼져 있음	뼈, 인대, 지방, 힘줄, 혈액
근육조직	길이가 상황에 따라 변함	운동근육, 심장근, 소화관의 벽
신경조직	전기 자극에 의해 화학전달물질을 분비함	뇌, 척추, 내이, 코, 눈의 망막

발과 세균의 침입을 막아주는 기능도 한다. 특히 샘상피라고 부르는 상피조직은 각종 호르몬이나 소화효소, 땀, 침 등을 분비하는 기능을 담당한다.

상피조직은 세포층 수에 따라 단층과 중층으로 나눌 수 있다. 폐나 신장 등과 같이 마찰이 많지 않은 곳의 표면은 단층상피로 덮여 있고 입이나 목 등과 같이 자주 음식물과 마찰을 하는 곳의 상피는 다층으로 구성되어 있다. 또한 구성하는 세포의 모양에 따라 편평상피, 입방상피, 원주상피로 분류할 수 있다.

따라서 세포층 수와 구성하는 세포의 모양에 따라 단층편평상피(simple squamous epithelium), 단층입방상피(simple cuboidal epithelium), 단층원주상피(simple columnar epithelium), 그리고 중층편평상피(stratified squamous epithelium), 중층입방상피(stratified cuboidal epithelium), 중층원주상피(stratified columnar epithelium) 등으로 분류할 수 있다.(표 6-1)

특히 원주상피의 경우는 분비 작용을 하는 세포들로 되어 있기에 위와 장에서 소화효소를 분비하는 기능을 한다.

◈ 표 6-2_ 상피조직

조직 이름	조직 구조	주요 위치
단층편평상피		허파, 혈관 내벽
단층입방상피		신장의 내피
단층원주상피		위의 내벽, 창자, 코
중층편형상피		피부, 입, 목구멍
중층원주상피		기관지, 요도

② 결합조직

결합조직(connective tissue)은 서로 다른 조직들을 결합하거나 지지해주는 조직을 말한다.(그림 6-1) 혈액과 같이 액상인 형태도 있고, 뼈나 연골 등과 같이 딱딱한 고형의 형태로 존재하는 것도 있다. 결합조직은 인체의 기본 조직 중에서 가장 많은 무게를 차지하는 조직이다.

결합조직인 혈액은 산소 등의 기체나 영양소 등과 같은 물질들을 운반해주는 것뿐만 아니라 인체를 세균 감염으로부터 보호해 주는 기능을 한다. 또 다른 결합조직 중 하나인 지방은 에너지를 효율적으로 저장할 수 있고 체외로의 열 손실을 방지해주며, 외부의 충격으로부터 뼈, 기관을 보호하기 위한 쿠션(cushion) 역할도 한다.

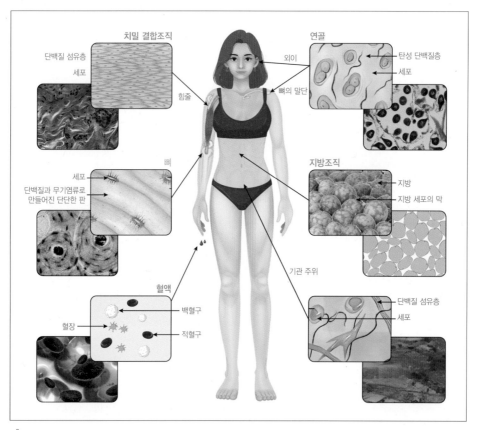

🧪 그림 6-1_ 결합조직

③ 근육조직

인체의 약 절반을 차지하는 근육조직(muscular tissue)은 근육세포들이 모여 다발을 형성하여 만들어진다. 근육조직은 수축과 이완을 통해서 생명 활동에 필요한 운동을 담당한다. 이외에도 자세를 유지하거나 기관이나 뼈를 보호하기도 하고, 내장기관의 조절 기능도 한다.

근육은 구조와 기능에 따라 분류하면 골격근(skeletal muscle), 심근(cardiac muscle), 내장근(smooth muscle)으로 나누어진다.(그림 6-2) 골격근은 뼈에 연결되어서 팔, 다리 등이 운동할 수 있도록 해주는 근육으로 의지대로 움직이는 수의근이다. 골격근이 작용함으로써 표정을 짓거나 혀를 움직이는 것이 가능하다. 심근은 심장을 이루는 근육

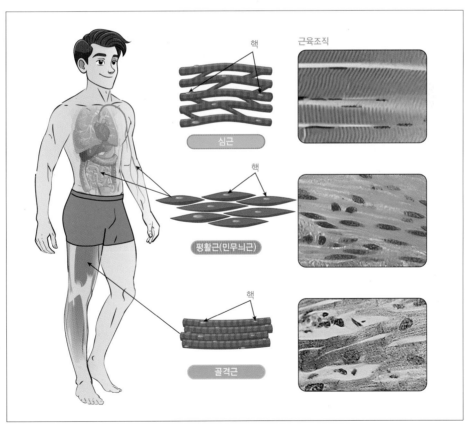

🧪 그림 6-2_ 근육조직

이다. 심근이 작용함으로써 혈액을 몸 전체로 순환시킬 수 있다. 심근은 골격근과는 달리 자율신경의 지배를 받는 불수의근에 속한다. 내장근은 심장을 제외한 내부 소화관이나 방광 등의 내장이나 혈관의 근육 등을 말한다. 내장근 역시 불수의근이다.

④ 신경조직

인체 내에서 신호를 전달해주는 신경세포을 뉴런(neuron)이라고 부르며, 이러한 신경세포들의 연결망을 신경조직(nervous tissue)이라고 부른다.(그림 6-3) 신경세포를 감각신경세포(sensory neuron), 중간신경세포(interneuron), 운동신경세포(motor neuron)로 분류할 수 있다. 먼저 감각신경은 외부 환경의 신호를 받아들이며, 이렇게 감

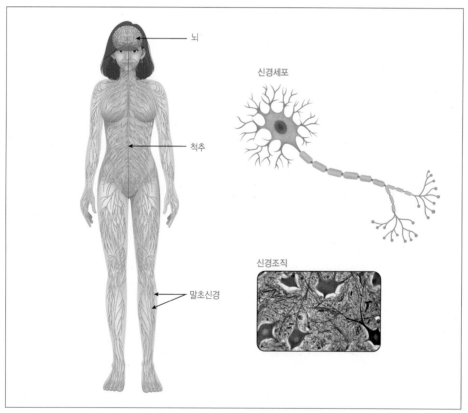

🔬 그림 6-3_ 신경조직

각 신경으로부터 받은 신호를 운동신경까지 전달해주는 것이 중간신경인데, 뇌를 이루는 신경세포의 대부분이 바로 중간신경이다. 운동신경은 받은 신호에 따라 연결되어 있는 근육이나 분비샘을 자극하여 적절하게 기능할 수 있도록 한다.

2 기관과 기관계

이러한 4대 조직들은 독자적인 기능이 불가하다. 따라서 실질적인 기능을 하기 위해서는 4대 조직 중 두 종류 이상의 조직이 모인 단위로 필요한데, 이것을 기관(organ)이라 부른다. 인체의 기관의 대부분은 4대 조직이 모두 모여서 구성된다.

순환계 중 하나인 심장을 예로 들어보면 심장의 내외부는 상피조직으로 둘러싸여 있다. 심장에는 신경이 연결되어 있으며, 심근의 끊임없는 수축과 이완으로 심장을 펌프질하여 혈액을 순환하도록 하는데, 이때 혈액은 결합조직에 속한다.

심장의 예에서 보았듯이 특정 기능을 하기 위한 기관을 구성하기 위해 여러 조직이 모여야만 한다는 것이다. 특정한 기능을 하는 기관들을 한데 모은 것을 기관계(organ system) 또는 계통이라고 부른다. 인간을 비롯하여 동물이 살아가기 위해서는 외피계, 신경계, 근육계, 골격계, 순환계, 소화계, 호흡계, 비뇨계, 면역계, 내분비계, 생식계 등과 같은 필수 기관계가 필요하다. 기관계 각각은 서로 다른 고유의 기능을 가지고는 있지만, 생명체 하나를 전체로 보았을 때 서로가 깊은 관계가 있어서 조절과 통합이 반드시 필요하다.

따라서 기관계가 조화를 이룰 수 있도록 통합적으로 조절해주는 물질이 필요한데, 그것이 바로 전기적 조절을 담당하는 신경과 화학적 조절을 담당하는 호르몬이다. 신경에 의한 전기적 조절은 빠른 속도로 진행되므로 반사적인 운동과 같은 것을 조절해주지만, 대부분 일시적이라는 단점이 있다. 그에 비해 호르몬에 의한 화학적 조절은 느리다는 단점이 있지만, 유연한 흐름을 통해 항상성(homeostasis)을 유지해주며 신경보다는 오랫동안 조절해준다는 장점을 가진다. 그렇지만 호르몬이 분비되기 위해서는 신경에 의한 조절이 필요하므로 결국 신경조직이 집합되어 있는 뇌에 의

해서 인체가 통합적으로 조절된다고 볼 수 있다.

지금부터 각 기관계의 역할을 살펴본다. 단 소화계, 면역계, 내분비계, 생식계는 개별 챕터에서 따로 다룰 예정이다.

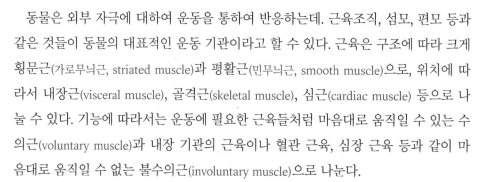

3 근육

동물은 외부 자극에 대하여 운동을 통하여 반응하는데. 근육조직, 섬모, 편모 등과 같은 것들이 동물의 대표적인 운동 기관이라고 할 수 있다. 근육은 구조에 따라 크게 횡문근(가로무늬근, striated muscle)과 평활근(민무늬근, smooth muscle)으로, 위치에 따라서 내장근(visceral muscle), 골격근(skeletal muscle), 심근(cardiac muscle) 등으로 나눌 수 있다. 기능에 따라서는 운동에 필요한 근육들처럼 마음대로 움직일 수 있는 수의근(voluntary muscle)과 내장 기관의 근육이나 혈관 근육, 심장 근육 등과 같이 마음대로 움직일 수 없는 불수의근(involuntary muscle)으로 나눈다.

미세한 근원섬유(myofibril)들이 다발로 모여 근육세포를 형성한다. 근육은 근섬유가 다발로 모인 것이고, 근섬유는 근원섬유가 모인 것이다.(그림 6-4) 근원섬유는 액틴(actin)과 미오신(myosin)이 주성분이다. 근원섬유가 모여 만든 근절(sarcomere)의 구조 안에 생기는 H대, A대, I대에 의해 근육의 수축이 일어난다. 횡문근은 근원섬유가 서로 겹쳐 있어 마치 가로로 무늬가 이어져 있는 것처럼 보이는 것을 말한다. 골격근 세포에는 근원섬유 에너지 생산 장소인 미토콘드리아와 칼슘 저장소인 소포체가 많이 들어 있다.

근원섬유에는 I 필라멘트(I filament)와 A 필라멘트(A filament)가 있다. I 필라멘트는 Z판에 연결되어 있으며, I대를 형성하는데, 액틴(actin)과 트로포미오신(tropomyosin)이 주성분으로 밝고 가늘다는 특징이 있다. A 필라멘트는 A대를 형성하는데, 주로 미오신(myosin)으로 되어 있으며, 어둡고 굵은 특징이 있다. A대 사이에 I대가 끼어 있는 구조를 하고 있다. 근절(sarcomere)은 Z판과 Z판 사이의 부분을 말한다. H대는 A대의 중간 부분에 존재하는 A대와 I대가 겹치지 않은 부분을 말하며, H대의 중

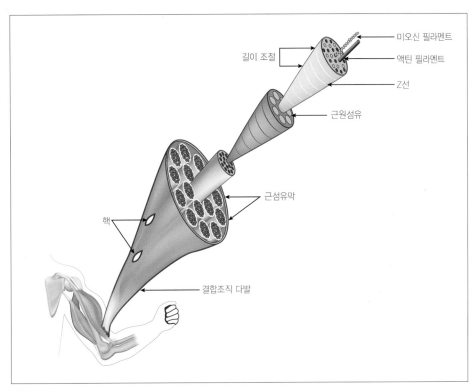

미오신 필라멘트
액틴 필라멘트
길이 조절
Z선
근원섬유
근섬유막
핵
결합조직 다발

그림 6-4_ 근원섬유

앙선을 M선이라고 부른다.

  I 필라멘트가 A 필라멘트 사이로 미끄러져 들어가게 되면 전체적으로 근절의 길이가 짧아지면서 수축이 이루어진다. 신경으로부터 자극이 전달되어 오면 그 자극은 근세포의 소포체로 전달되고 그 결과 Ca^{2+}과 ATP가 함께 방출된다. Ca^{2+}은 계속해서 I 필라멘트에 있는 트로포닌과 결합하는데, 이로 인하여 액틴과 미오신이 서로 끌어당겨 근절이 짧아지면서 근육이 수축하게 된다. 이렇게 수축이 끝나면서 자극이 없어지게 되면, 자극의 전달로 인해 방출되었던 Ca^{2+}이 다시 소포체로 돌아가면서 트로포닌이 자유로워지고 근육이 이완되게 된다.(그림 6-5)

  운동을 만들어내는 근육을 골격근이라고 하는데, 뼈(골격)에 붙어서 지렛대처럼 일을 한다. 인체의 대부분이 골격근이기 때문에 이완과 수축을 통하여 강한 운동이 가능하게 되는 것이다. 골격근처럼 의지에 따라 운동할 수 있는 근육을 수의근(volun-

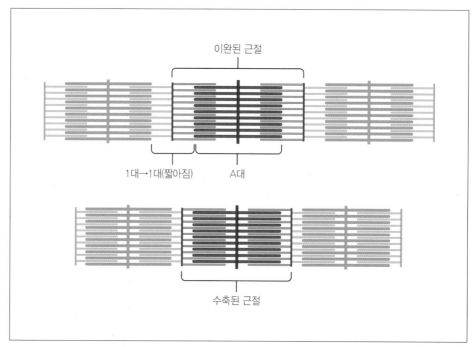

🧪 그림 6-5_ 근절의 모습(이완과 수축)

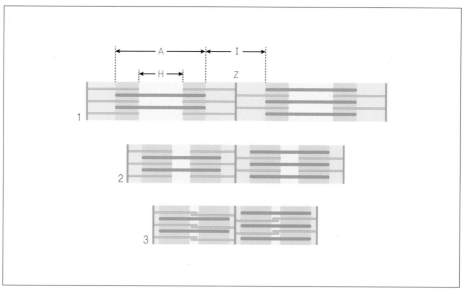

🧪 그림 6-6_ 근절의 수축

tary muscle)이라 한다. 심근도 가로무늬근으로서 운동이 가능하지만 의지대로 움직이는 것이 아니라 자율신경에 의해 조절되는 불수의근(involuntary muscle)이다. 평활근은 내장을 구성하는 근육으로서, 이 역시 자율신경에 의해서 조절된다. 골격근에는 신경 말단이 있는데, 이 부위를 신근 접합부(neuromuscular junction)라고 부르며, 이것은 마치 신경의 시냅스 같은 구조를 하고 있다. 아세틸콜린(acetylcholine)이라는 신경전달물질은 신경과 근육 사이에서 양쪽으로의 자극을 전도해주는 역할을 한다.

4 ◐ 뇌와 신경

뇌(brain)는 받아들인 모든 정보를 정확하게 분석한 후 명령을 내림으로써 내분비선이나 근육 등이 각 상황에 맞게 반응할 수 있도록 하는 중요한 기관이다.

뇌의 기능을 살펴보면 첫째, 신체 각 부위를 통합 조절함으로써 항상성이 유지될 수 있으며, 둘째, 상황에 따라 적절하게 반응할 수 있다. 신경에 의한 인체의 조절은 전기적 신호로 이루어지기 때문에 호르몬보다는 상대적으로 매우 빠르다. 신경계는 중추신경계(central nervous system)와 말초신경계(peripheral nervous system)로 구분한다. 중추신경계는 뇌와 척수로 구성되며 심근, 평활근뿐만 아니라 외분비선과 일부 내분비선을 통제하는 자율신경계와 골격근을 통제하는 체성운동계로 구분된다. 말초신경계는 뇌에서 시작하는 12쌍의 뇌신경과 척수에서 시작하는 31쌍의 척수신경으로 구성되어 있다.

신경계는 신경세포(neuron)와 신경교세포(glial cell), 혈·뇌장벽(blood-brain barrier)로 되어 있다. 신경세포는 각종 정보를 전도하는 역할을 하기 때문에 가장 중요하다고 볼 수 있으며, 포도당을 에너지원으로 사용한다.

신경세포는 다시 감각신경세포(sensory neuron), 중간신경세포(interneuron), 운동신경세포(motor neuron)로 나눈다. 감각신경세포는 감각수용기를 통해서 들어온 신호를 대부분 중간신경세포로 구성된 중추신경계로 전달해준다. 감각신경세포가 받아들인 정보는 중간신경세포에 의해 또 다른 신경세포에게로 연결된다. 이렇게 중간

신경세포끼리 교환되는 정보가 기억이다. 뇌에서 이 기억과 새로운 정보들을 비교한 후에 명령을 내리게 된다. 중추신경계에서 내려온 명령을 인체의 운동기관에 전달하는 것이 바로 운동신경세포이다. 이 명령에 따라 내분비선은 호르몬을 분비하게 되고 근육은 수축과 이완을 하게 된다.

신경세포는 신경계의 부위에 따라 크기와 모양이 매우 다르지만, 기본적으로 수상돌기(dendrite)와 세포체(soma), 축삭(axon)으로 나눌 수 있다.(그림 6-7) 수상돌기는 주위 세포로부터 정보를 받아들이는 돌기로 얇은 가지 모양으로 뻗어나가는 형태를 가진다. 신경세포의 표면적을 증가시킴으로써 다른 많은 신경세포들과 상호작용하도록 한다. 세포체는 핵이 있는 부분으로 그 외에도 골지체, 미토콘드리아, 신경원섬

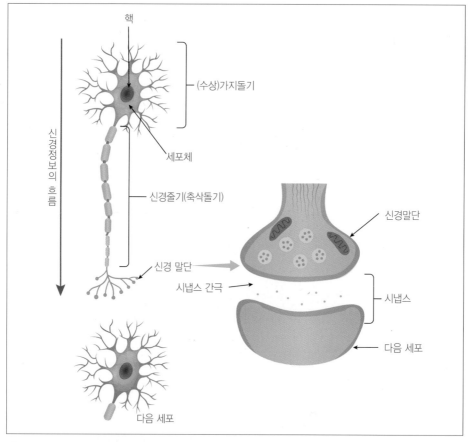

🧪 그림 6-7_ 신경세포의 구조

유 등이 존재한다. 축삭은 매우 다양한 길이를 가지고 있으며, 신경세포의 정보를 통합하는 중추에서부터 축삭의 끝까지 전기적 신호를 전달한다.

신경세포(glial cell)는 극도로 분화된 세포로, 정보 전달을 위해 최소한의 기능만 하도록 되어 있기 때문에 생명 유지를 위해서는 신경교세포(glial cell) 등의 도움이 필요하게 된다. 신경교세포는 신경세포 주변에서 영양분을 공급하거나 미엘린(my-elin) 수초를 만드는 등의 기능을 한다.

축삭 끝까지 전기적 신호가 도달하면 신경전달물질(neurotransmitter)이 그다음에 있는 신경세포로 분비된다. 신경세포가 다른 신경세포와 밀접하게 접촉되는 연결 부위를 시냅스(synapse)라고 한다. 신경전달물질로 인해 자극은 다음 신경세포의 수상돌기로 계속 이어지게 된다.(그림 6-8)

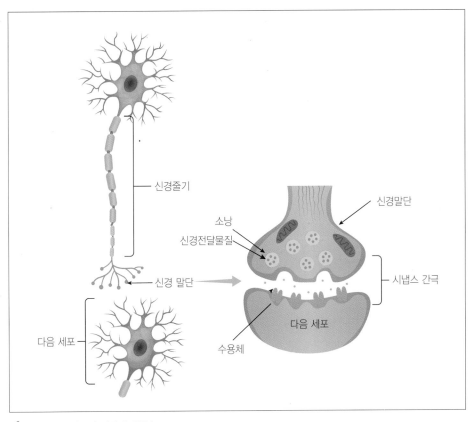

그림 6-8_ 자극의 전달과 시냅스

막전위(membrane potential)는 세포막을 경계로 하여 생기는 전위차를 말한다. 신경세포가 휴식하고 있을 때의 막전위는 –70mV 정도이다. (–)의 의미는 전기적 성질을 봤을 때 세포 안쪽이 세포 바깥쪽보다 상대적으로 음전기라는 것이다.

축삭의 세포막에는 Na^+와 K^+를 통과시킬 수 있는 채널이 존재하며 Na^+/K^+라는 펌프 작용을 하는 효소도 있다. 축삭을 자극하면 그 부위에 일어나는 흥분으로 인하여 Na^+ 채널이 열려서 Na^+가 세포 안으로 들어오게 된다. 이렇게 들어오는 Na^+로 인해 세포 안은 +40mV까지 증가하다가 자극이 중지되면 더 이상의 Na^+가 들어오는 것을 막기 위해 Na^+ 채널이 닫히고 원래의 막전위를 회복하기 위해 K^+ 채널이 열리면서 세포 밖으로 K^+가 빠져나오게 된다. 최종적으로 Na^+/K^+ 펌프에 의해 원래 휴지기 상태대로 회복된다. 이러한 주기를 활동전위(action potential)라 부른다. 한 번의 활동전위가 끝나면 자극되었던 부분의 Na^+와 K^+의 분포 역시 완전히 원래대로 회복된다.

활동전위는 주위의 옆부분을 흥분시키고, 그 옆부분의 Na^+ 채널이 열리게 되면 옆

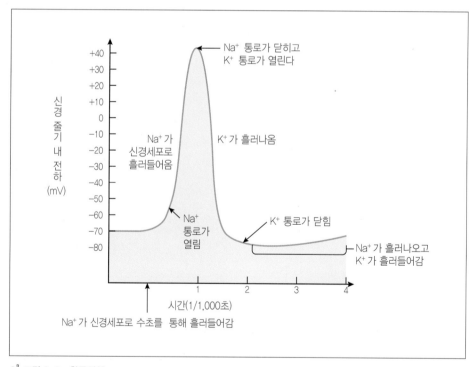

🧪 그림 6-9_ 활동전위

으로 이동한다. 축삭의 끝에 도착할 때까지 계속 흥분이 일어난다. 신경의 전달은 한쪽 방향으로만 일어난다.(그림 6-9)

축삭돌기를 감싸고 있는 부분을 미엘린(myelin)이라고 부른다. 미엘린과 미엘린 사이의 좁은 간격을 란비에르결절(Ranvier node)이라 부르는데, 축삭이 노출되어 있다.(그림 6-10) 미엘린에 의해 감싸진 것을 유수신경이라 하며, 그렇지 않은 축삭을 무수신경이라고 한다. 유수신경이 상대적으로 우수한 것은 미엘린이 절연체의 역할을 하기 때문에 전기적 신호가 누전되지 않고 전도가 가능하기 때문이다.

일부 길이가 긴 축삭의 경우 전기가 잘 통하지 못하게 만드는 저항이 문제가 된다. 란비에르결절은 이러한 저항에 대한 방지책이 된다.(그림 6-11) 란비에르결절은 미엘린이 없어서 축삭이 외부에 노출되어 있으므로 전기적인 신호가 여기까지 도달해 오면 Na^+가 밖에서 다시 들어올 수 있어서 활동전위가 여기에서 원래대로 증폭된다.

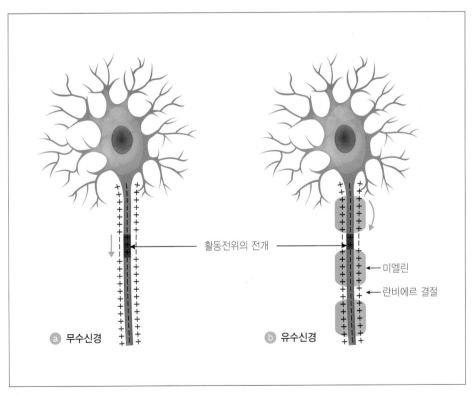

🔬 그림 6-10_ 신경 전도

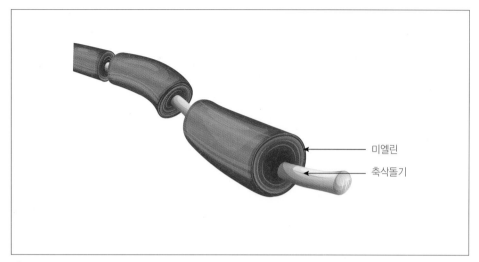

미엘린

축삭돌기

🧪 그림 6-11_ 미엘린과 란비에르결절

이런 식으로 유수신경은 전기적 신호가 약해지면 다시 증폭되는 것을 반복하면서 신경 전달을 하게 된다. 신호전달의 측면에서 유수신경세포는 무수신경세포보다 더 빠르다.

뇌는 인간의 기억, 감정, 지능, 개성, 재능 등과 같이 모든 감성과 이성을 통제한다. 사람의 뇌는 약 2,000억 개의 세포로 이루어져 있으며, 대부분 중간신경세포로 되어 있는데, 시냅스만도 1,000조 개나 된다고 알려져 있다.(그림 6-12)

대뇌(또는 대뇌피질, cerebrum)는 감각신호의 마지막 도착지이자 운동반응이 이루어지기 전에 받아들인 신호가 모두 종합되는 곳으로 감정과 행동 등을 제어하는 등 이성적인 조절을 해주는 곳이다. 뿐만 아니라 뇌의 다른 부분과 신호교류를 통하여 조절하는 곳이다.

소뇌(cerebellum)는 근육의 긴장도를 유지하고, 운동능력을 기억해주며, 자세의 균형을 잡아준다. 뇌간(brain stem)은 골격근을 통제하여 적절하게 반응할 수 있도록 해준다. 중뇌(midbrain)는 시각, 청각, 촉각과 연관된 반사작용 등을 담당하고 있다. 무의식적 반사운동의 중추로 자율신경계의 조절, 체온과 혈당 등을 조절한다. 간뇌(diencephalon)는 시상과 시상하부를 포함하고 있으며, 자율신경의 조절, 호르몬 분비, 체온 조절 등의 기능을 담당한다.

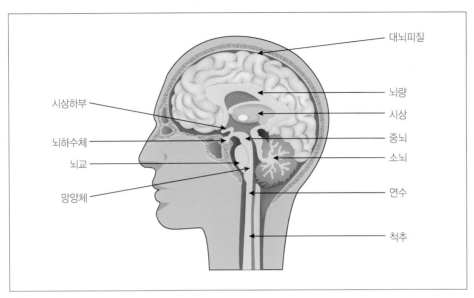

대뇌피질

뇌량

시상

중뇌

소뇌

연수

척추

시상하부

뇌하수체

뇌교

망양체

그림 6-12_ 사람의 뇌

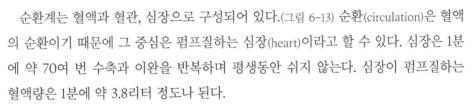

5 순 환

순환계는 혈액과 혈관, 심장으로 구성되어 있다.(그림 6-13) 순환(circulation)은 혈액의 순환이기 때문에 그 중심은 펌프질하는 심장(heart)이라고 할 수 있다. 심장은 1분에 약 70여 번 수축과 이완을 반복하며 평생동안 쉬지 않는다. 심장이 펌프질하는 혈액량은 1분에 약 3.8리터 정도나 된다.

결합조직에 속하는 혈액은 인체의 구석구석까지 생명 현상에 필요한 물질들을 이동시킴으로써 항상성(homeostasis)을 유지하도록 한다. 혈액이 운반하는 물질은 매우 다양한데, 산소, 이산화탄소와 같은 기체와 소화 흡수된 단위체들, 비타민, 무기염류 등의 물질과 노폐물, 항체, 호르몬 등이 대표적이다. 또한 혈액은 열을 인체 골고루 운반하여 체온을 일정하게 유지시켜 준다.

인체에는 혈액이 약 5리터 정도 들어 있는데, 혈장이 전체 부피의 약 55%를 차지하며, 나머지 45%가 혈구세포이다. 노란색의 혈장(plasma)은 90% 이상이 물이며,

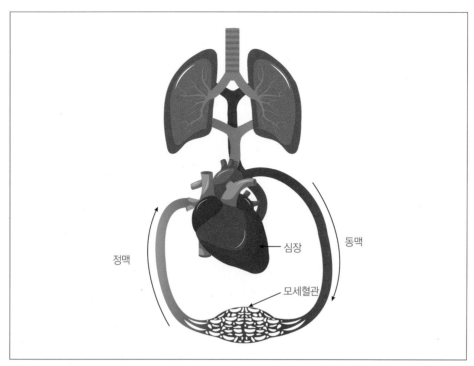

🔬 그림 6-13_ 순환계의 구조

그 외 단백질을 비롯한 유기질과 전해질 등으로 구성되어 있다.

　혈구세포 중 대부분은 적혈구(red blood cell)이다. 도넛 모양의 적혈구는 헤모글로빈(hemoglobin)으로 가득 찬 세포이다.(그림 6-14) 적혈구는 헤모글로빈 덕분에 산소를 운반할 수 있다. 헤모글로빈 1분자는 4분자의 산소(O_2)를 운반할 수 있다. 철분은 헤모글로빈의 주성분이다. 적혈구는 핵이 없는 것이 또한 특징이며, 수명도 불과 120일 정도이다. 골수(bone marrow)에서 새로운 적혈구를 계속해서 만들어내고, 간, 비장(spleen), 조직 내 대식세포 등에 의해서 탐식되어 사라진다. 빈혈(anemia)은 적혈구의 숫자가 부족하여 피로와 어지러움을 수반하는 질환이다. 백혈구(white blood cell)는 감염된 세균이나 암세포 등에 대항하여 인체를 보호하는 기능을 한다. 혈소판(platelet)은 혈액의 응고를 도와준다.

　심장은 동맥, 모세혈관, 정맥으로 연결되는 혈관망의 한쪽이 부풀어서 주먹 정도의 크기를 가지는 구조이다.(그림 6-15) 사람의 심장은 두 개의 심방과 두 개의 심실

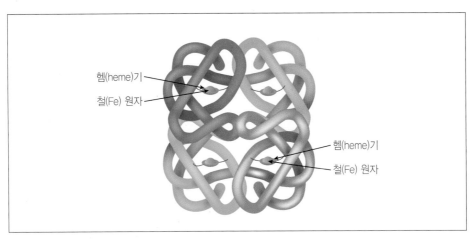

🧪 그림 6-14_ 헤모글로빈

이 구성되어 있다. 몸 전체로부터 받아들인 혈액은 대정맥을 통해 들어와서 우심방을 거친 후 우심실로 들어오게 되고, 우심실에서 혈액을 폐로 펌프질해 주고 폐에서 기체의 교환이 이루어진다. 이후 폐로부터 받은 혈액은 좌심방과 좌심실을 거친 후 몸 전체로 펌프질해 준다.

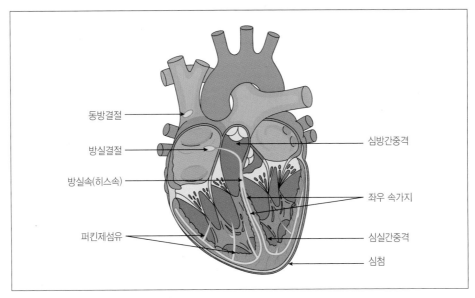

🧪 그림 6-15_ 심장의 구조

심장의 근육인 심근은 자율적으로 움직일 수는 없는 불수의근이다.

심장박동의 조절은 뇌(brain), 페이스메이커(pacemaker), 부신(adrenal gland)에 의해 이루어진다.

뇌에는 운동량, 혈압, 감정 등에 반응하는 부분인 심혈관 중추(cardiovascular center)가 있어서 여기서 반응한 것은 곧바로 페이스메이커로 보내져서 심장박동이 조절된다. 페이스메이커는 우심방에 있는 특수 세포들을 말하는데, 여기서 보내는 전기적 신호가 심근 전체로 보내진다. 이로 인하여 자율적인 심장박동이 조화롭게 지속될 수 있는 것이다.

아세틸콜린(acetylcholine)과 에피네프린(epinephrine)은 심장박동을 조절하는 호르몬으로 아세틸콜린은 심장박동을 낮추고 에피네프린은 심장박동을 증가시키는 역할을 하는데, 특히 운동량에 따라 에피네프린의 양은 증가한다. 응급하게 반응할 때 많은 운동량이 요구되는데 부신에서 에피네프린을 분비하게 된다.

혈관은 상피조직과 결합조직, 근육조직이 모인 것으로 동맥, 정맥, 모세혈관으로 구성된다. 동맥(artery)은 심장에서 나와 면쪽으로 혈액을 운반한다. 동맥으로부터 나온 혈액은 모세혈관(capillary)으로 이동하고, 이곳에서 혈액과 조직 사이의 물질 교환이 일어난다. 모세혈관을 지난 혈액은 정맥으로 이동한다. 정맥(vein)은 혈액을 심장으로 운반한다.

동맥의 벽에는 평활근과 탄성섬유(elastic fiber)로 되어 있어서 탄력성과 신축성이 매우 좋다. 모세혈관은 조직의 미세한 부분까지 영양물질을 공급하고 또 조직으로부터 노폐물을 받아오는 혈관이다. 모세혈관은 굉장히 가늘고 미세하여 망사처럼 얼기설기 퍼져 있게 마련이다. 모세혈관의 혈액은 정맥을 통해 다시 심장으로 되돌아온다. 정맥의 벽은 동맥의 벽보다는 얇으나, 그로 인해 낮은 내압으로도 쉽게 확장이 가능하여 혈액을 저장할 수 있다. 반면 낮은 압력으로 혈액이 역류할 수 있기에 곳곳에 정맥에서만 발견되는 밸브(valve)가 위치하여 역류를 막아준다.

혈압(blood pressure)은 심장의 수축력을 측정할 수 있는 단위로 mmHg를 사용한다. 보통 수축기 혈압과 확장기 혈압이라고 하는 두 가지 척도에 의해 표시된다. 수축기 혈압(systolic pressure)은 좌심실이 수축할 때의 최대 압력을 말하며, 확장기 혈압(diastolic pressure)은 좌심실이 이완되었을 때의 최소 압력을 일컫는다. 건강한 사람의 이상적인 혈압은 각각 120mmHg와 80mmHg이며, 여성에서는 다소 낮아서 110mmHg/70mmHg가 기준이다.

6 호흡

호흡계는 인체 내로 신선한 산소를 받아들이고 노폐물인 이산화탄소를 배출시키는 역할을 한다.(그림 6-16) 산소는 에너지 대사과정 중 전자 전달계의 마지막 단계에서 수소와 결합하기 위한 것이고, 이산화탄소는 TCA 회로에서 노폐물로 배출된다.

호흡계는 외부에서 폐포까지 이르는 호흡기도인 코(nose), 인두(pharynx). 후두(lar-

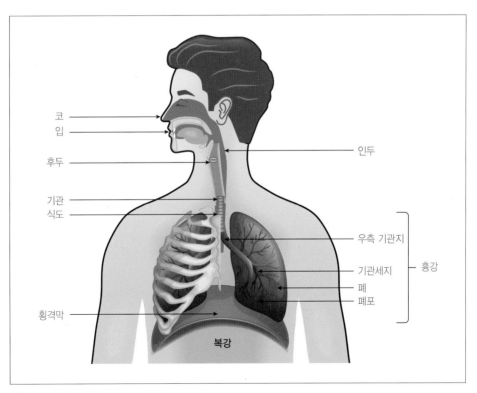

🧪 그림 6-16_ 호흡계의 구조

ynx), 기관(trachea)과 가스교환 장소인 폐(lung)로 이루어져 있다. 폐는 양쪽에 존재하지만, 오른쪽에는 3개의 엽(lobe)으로 되어 있는 반면 왼쪽은 2개의 엽만 있는데, 이로 인해 심장이 들어갈 공간 확보가 가능한 것이다.

공기가 코를 통해 들어오면 인두를 거쳐 후두로 들어가며, 기관을 통과하면서 더 여과되면서 수분의 함유량도 많아진 공기는 기관지와 기관세지를 통해 폐포에까지 전달된다. 폐포들은 꽈리 형태로 밀집되어 붙어 있어서 허파꽈리라 부르기도 한다.

폐포의 표면은 수분이 있어서 촉촉함을 유지하는데, 이 수분 안에 계면활성제(sur-factant)가 있어서 서로 달라붙지 않도록 해준다.(그림 6-17) 산소와 이산화탄소의 기체교환은 폐포 표면을 둘러싼 모세혈관에서 일어난다.

호흡조절은 뇌의 호흡중추의 활동성에 의해 자율적으로 이루어지는 것과 화학적 조절로 이루어진다. 호흡운동은 호흡중추에 의해 들숨과 날숨이 조절된다. 횡격막 주위와 갈비뼈에 분포한 근육에 신경신호를 보내면 들숨이 시작되고, 신호를 보내지 않으면 날숨이 시작된다. 인간의 평균 호흡 횟수는 분당 10~14회 정도이지만, 운동의 정도나 감정에 의해서도 조절된다. 특히 운동을 하게 되면 에너지 대사가 활발해지면서 이산화탄소의 양이 급격히 증가하게 되므로 호흡이 빨라지게 된다.

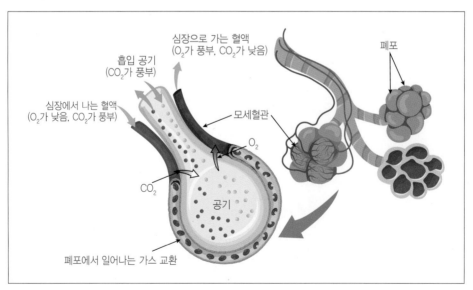

심장으로 가는 혈액
(O_2가 풍부. CO_2가 낮음)

흡입 공기
(CO_2가 풍부)

심장에서 나는 혈액
(O_2가 낮음. CO_2가 풍부)

폐포

모세혈관

O_2

CO_2

공기

폐포에서 일어나는 가스 교환

🧪 그림 6-17_ 폐 포

7 배 설

① 신 장

신장(kidney)은 소변이 방출되기 전 최종적으로 한번 더 영양분을 재흡수해주는 기관이다.(그림 6-18) 신장을 통하여 노폐물은 원활하게 배출될 수 있는 것이다. 소변은 몸 밖으로 배출되기 전까지 방광에 저장되어 있다가 요도를 통해 몸 밖으로 방출된다.

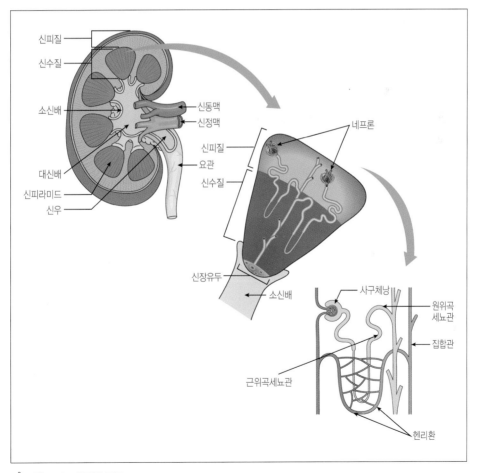

신피질
신수질
소신배
대신배
신피라미드
신우
신동맥
신정맥
요관
신피질
신수질
네프론
신장유두
소신배
사구체낭
원위곡세뇨관
집합관
근위곡세뇨관
헨리환

🧪 그림 6-18_ 신장의 구조

Chapter 07

효소

◎ 학습 목표

1. 효소의 구조와 기능을 알아본다.

2. 활성화 에너지의 의미를 살펴본다.

3. 기질특이성을 설명한다.

4. 효소활성에 미치는 영향을 요약해본다.

5. 효소의 조절을 설명한다.

1 효소의 기능

앞에서 언급한 것처럼 세포에서는 다양한 화학반응이 일어난다. 세포에서 일어나는 화학반응들을 생화학반응이라 하는데, 효소(enzyme)는 이러한 생화학반응에 촉매로서 작용하여 반응 속도를 촉진시켜 준다. 대사과정에 효소가 존재하면 반응 속도를 10^{20}배 정도까지 증가시킬 수 있으나, 만일 대사과정 중에 효소가 관여하지 않는다면 매우 느리게 생체 내 대사과정이 일어나기 때문에 에너지 수요에 대처할 수 없게 된다.

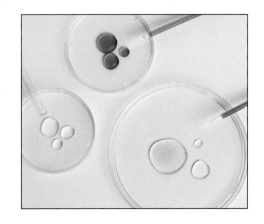

일반적으로 효소는 단백질로 구성되지만, 최근에 RNA가 효소로서 작용하는 경우가 알려지고 있다. 그중 하나가 Tetrahymena라는 원생동물 기생충인데, RNA 스스로 자기를 자르거나 이어 붙이는 반응을 촉진시키는 것으로 알려져 있다. 이러한 RNA 효소를 리보자임(ribozyme)이라고 하는데, 리보좀 내의 rRNA도 리보자임이라고 생각된다.

2 활성화 에너지

효소가 생화학반응의 속도를 촉진할 수 있는 것은 반응이 일어나는 데 필요한 활성화 에너지(activation energy)를 낮추어 주기 때문이다.(그림 7-1) 활성화 에너지는 자전거로 언덕을 넘는 것으로 설명할 수 있다. 자전거로 언덕을 일단 넘기만 하면 내리막길이라 수월하겠지만, 문제는 언덕 꼭대기까지 자전거를 타고 올라가야 한다는 것이다. 당연히 언덕이 높을수록 올라가기 힘들다. 만일 무언가로 이 언덕을 깎아서 낮

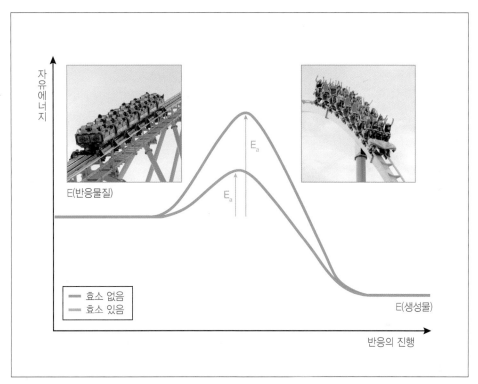

그림 7-1_ 활성화 에너지

춘다면 올라가는 데에 힘도 시간도 덜 들 수 있다. 바로 이러한 역할을 해주는 것이 효소라고 할 수 있다. 즉 기질(substrate)과 반응생성물(product)은 서로가 전이되는 정점(전이 상태, transition state)에서 가장 높은 자유에너지를 가지게 된다. 활성화 에너지는 바로 기질과 전이 상태에서의 자유에너지 차이를 말한다.

생화학반응의 속도는 결국 활성화 에너지에 의해 달라지며, 활성화 에너지를 낮추어 주는 역할을 하는 것이 효소이다. 특히 시험관과 같이 생체 외(in vitro)에서 일어나는 화학반응들이 끓는 조건(100℃) 등 높은 온도에서 일어나는 것이 대부분인데 비해 생체 내(in vivo) 화학반응은 37℃라는 상대적으로 낮은 생체 온도에서 일어나야 하기에 효소의 도움이 반드시 필요하다. 대부분의 생화학반응이 원자 사이의 결합이나 분해에 의한 반응이므로 효소는 이러한 결합과 분해를 촉진하는 작용을 한다고 할 수 있다.

3 효소의 명명

효소의 명칭은 반응기질의 명칭에 '-ase'라는 접미사를 붙이는 것이 일반적이다. 예를 들어 유당 분해 효소는 기질인 유당(lactose)에서 접미사인 '-ose' 대신에 효소를 의미하는 '-ase'를 붙여서 'lactase'라고 부른다. 펩신, 트립신 등 고유 이름을 가진 몇몇 효소들이 존재하기도 한다.

효소를 분류하면 촉매하는 화학반응의 유형에 따라 여섯 가지 군으로 크게 분류한다. 산화환원효소(oxidoreductase), 전이효소(transferase), 가수분해효소(hydrolase), 리아제(lyase), 이성체화 효소(isomerase), 리가아제(ligase) 등이 그것인데, 이를 다시 작은 군으로 분류할 수 있다. 그 예로 amylase는 탄수화물을 분해하는 효소, oxidase는 산소를 더해주는 효소, phosphatase는 인을 제거하는 효소를 의미한다. 인체 내의 효소는 약 2,000여 종 이상이 있는 것으로 보고되어 있다.

4 효소의 구조와 기질특이성

2장의 단백질에서 언급한 것처럼 효소는 대부분 단백질로 구성되어 있다. 인슐린 등 일부를 제외하고 3차 또는 4차 구조를 하고 있어서 일반적으로 둥그런 입체적 모습을 하고 있다. 일부 효소는 금속 이온(구리, 철, 망간 등)이나 유기물(비타민)과 결합하여 더욱 향상된 기능을 할 수도 있다.

효소에는 주머니처럼 들어간 부분들이 있는데, 그 모습은 그 부분의 아미노산 곁사슬들이 어떻게 배열되느냐에 따라 결정된다. 이 주머니의 화학 구조와 반응기질(substrate)은 마치 열쇠와 자물쇠처럼 서로 맞게 되어 있다. 효소에 따라서 이 주머니의 구조가 다르기 때문에 각각의 효소들은 그 구조와 꼭 들어맞는 기질과만 반응하게 된다. 이러한 성질을 기질특이성(substrate specificity)이라고 한다.(그림 7-2)

효소(E)는 기질(S)이 결합하는 자리인 활성 부위(active site)를 가지고 있는데, 이 부위에 꼭 맞는 기질이 결합하여 효소-기질 복합체(enzyme-substrate complex, ES)를 형성할 수 있다. 이 복합체는 계속적으로 효소-기질 상호작용에 의해 전이 상태의 생성이 촉진되어 그 결과 생성물(product, P)이 만들어지게 된다.

$$E + S \rightleftharpoons ES \rightleftharpoons E + P$$

이러한 효소와 기질 사이의 결합을 잘 설명해주는 모델이 바로 자물쇠-열쇠 모델 (lock and key model)과 유도 적합 모델(induced-fit model)이다.

자물쇠-열쇠 모델은 효소의 활성 부위와 기질이 마치 열쇠와 자물쇠처럼 모양이 서로 꼭 들어맞는 구조로 되어 있기 때문에 결합이 가능하다는 것이며, 유도 적합 모

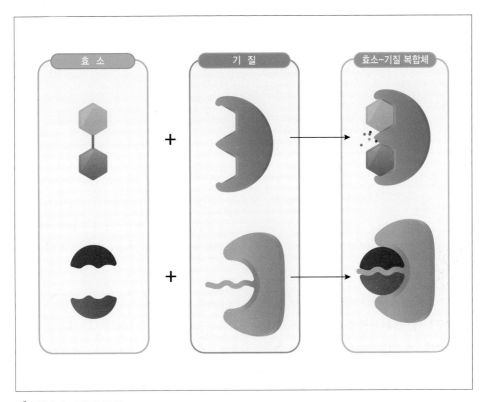

🧪 그림 7-2_ 기질특이성

델은 기질의 결합이 활성 부위의 입체 구조를 유도하여 결합한다는 것이다.

효소는 대부분 촉매를 위한 보조인자(cofactor)가 필요한데, 비단백질 성분인 무기금속이온과 유기화합물로 되어 있다.

무기금속이온(inorganic metal ion)의 예로 Mg^{2+}, Zn^{2+}, Fe^{2+}, Ca^{2+}, Co^{2+} 등이 있고 유기화합물(organic compound)로는 비타민(vitamin)을 성분으로 하는 보조효소(coenzyme)가 있다. 이때 보조효소는 단독으로 효소활성을 나타낼 수 없고, 단백질로 구성된 아포효소(apoenzyme)와 결합하여 완전효소(holoenzyme)가 되어야만 효소활성을 나타낸다. 산화 환원 반응에 관여하는 NAD(nicotinamide adenine dinucleotide), NADP(nicotinamide adenine dinucleotide phosphate), FAD(flavin adenine dinucleotide) 등이 보조효소로 작용한다.

 ## 5 효소활성에 미치는 요인

효소활성에 영향을 미치는 대표적인 것으로 온도와 pH가 있다. 특히 화학반응의 경우 대부분은 온도가 상승함에 따라 반응속도도 증가하는 것이 일반적이다. 그러나 효소는 단백질로 구성되어 있기 때문에 일정 온도보다 상승되면 변성되어 촉매 능력을 상실하게 된다. 이러한 이유로 효소의 반응속도는 일정한 온도까지는 온도 상승에 비례하여 증가하지만, 그 이상의 온도를 넘어서면 오히려 감소하게 된다. 따라서 효소반응속도는 특정 온도에서 최고에 도달하게 되는데, 이를 최적반응온도(optimal temperature)라 부른다. 인체의 효소는 대부분 35~40℃를 최적 온도로 한다.

효소는 pH에 의해서도 영향을 받는다. 효소는 특정 pH에서 가장 안정적이고 활성화된 상태를 유지하여 활성이 가장 높은데, 이를 최적 pH(optimal pH)라 한다. 최적 pH를 벗어나면 불안정하게 된 효소는 결국 비활성 상태로 변하여 활성은 감소한다. 일반적으로 포유동물의 최적 pH 범위는 6~8 정도(소장에서 작용하는 트립신과 키모트립신의 최적 pH는 8.0)이지만, 사람의 위에서 작용하는 펩신은 최적 pH가 약 1.6이다.

6 효소의 조절

세포는 효율적으로 작용해야 하므로 필요 없는 효소를 과잉 생산함으로써 에너지를 소모하지 않아야 한다. 따라서 적절한 양의 효소를 만들기 위한 정확한 조절기작을 필요로 한다.

세포는 이를 위해 두 가지 방식으로 조절한다. 하나는 기질의 양에 따라 조절하는 방식이고, 또 다른 한 가지는 반응산물의 양에 따라 조절하는 방식이다. 즉, 기질이 많을 때는 반응을 위한 효소생산이 같이 증가하고, 반응 산물이 필요 이상으로 많이 만들어지면 이에 의해 억제되는 것을 말한다.

효소가 반응산물에 의해 억제받는 현상을 '피드백 억제(feedback inhibition)'라 하며 이때의 효소를 조절효소(regulatory enzyme)라 부른다.(그림 7-3) 조절효소는 생물체 내에서 일어나는 대사과정의 반응속도를 조절하는 중요한 역할을 한다. 그 예로서 세포에 포도당이 지나치게 공급되면 이를 글리코겐으로 전환시키는 효소의 합성이 증가한다든지, 대사과정의 결과로 ATP가 지나치게 많이 만들어지면 이로 인해서 대사가 억제되는 것들이 있다.

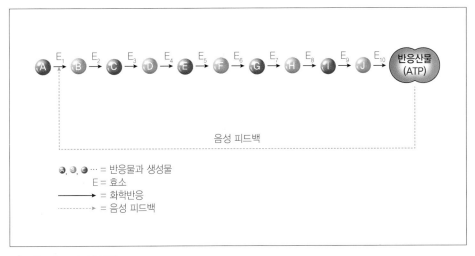

🧪 그림 7-3_ 피드백 억제

Chapter 08

유전 & 분자 생물

◎ 학습 목표

1. 멘델의 법칙과 유전의 개념을 이해한다.

2. 유전자의 화학적 실체인 DNA와 RNA를 비교하고, 중합체로서의 DNA 이중나선구조를 살펴본다.

3. DNA가 복제되는 과정을 공부하고, 그 안에 담긴 유전정보가 어떻게 발현되는지 순서와 과정, 그리고 필요한 효소들의 기능을 이해한다.

4. 돌연변이의 종류를 살펴보고, 유전질환을 어떻게 극복할 수 있는지 생각해본다.

1 ◯ 유전학의 역사

"콩 심은 데 콩 나고, 팥 심은 데 팥 난다"라는 속담이 있다. 부모를 닮은 자녀, 어미를 쏙 빼닮은 새끼들. 유전이란 이렇게 부모의 형질(형태와 성질)이 자손에게 거의 그대로 전달되는 현상이다. 대부분의 형질은 유전자에 의해 지배되며, 형질마다 하나 이상의 유전자에 의해 결정된다. 유전자는 곧 그 개체가 어떤 모습이 될지를 결정하는 '생명의 설계도'이다. 최근 연구에 의하면 외형적 모습 외에도 지성과 이성, 감정까지도 유전자에 달려 있다고 한다. 멘델(Gregor Mendel)은 유전 현상을 처음으로 과학적 수식에 의해 설명했다는 점에서 선구자라 할 수 있다.

🧪 그림 8-1_ 멘델

① 멘델의 법칙

멘델은 완두콩을 재배하면서 나타나는 여러 가지 형질들을 비교, 관찰하였다. 그 결과 두 가지 중요한 유전 법칙을 밝혀냈다.

먼저 둥근 콩깍지와 주름진 콩깍지, 노란색 꽃과 흰 꽃 등 쉽게 드러나 보이는 대립형질들을 관찰했다.(표 8-1)

여기서 대립형질이란 2개의 대립인자(열성과 우성)에 의해 결정되는 형질을 말한다. 순종의 노란 꽃(AA)과 흰 꽃(aa)을 교배한 결과 1세대(F1)에서 얻어진 것은 모두 노란색 꽃(Aa)이었다. 유전형(genotype)은 두 개의 대립인자인 A(우성)와 a(열성)가 혼합된 형태이지만, 노란 꽃의 인자가 상대적으로 우성이고 흰 꽃의 인자가 열성이기 때문에 꽃의 색이 모두 노랗게 나타난 것이다. 이때 열성은 아예 없어져 버린 것이 아니고 우성에 잠시 가려져 묻혔을 뿐이다. 멘델은 이렇게 1세대에서 얻은 노란 꽃 콩을 다시 자가수분했고, 그다음 세대(F2)에서 흰 꽃이 다시 나타나는 것을 발견했다. 노란 꽃(AA)과 흰 꽃(aa)의 비율은 3 : 1이었다. 이를 '우열의 법칙, 분리의 법칙, 또는 멘델

◈ 표 8-1_ 완두콩의 다양한 대립형질들

형 질	우 성	열 성
씨의 색	노란색	녹색
씨의 모양	둥근 씨	주름진 씨
꽃의 색	자주색	흰색
콩깍지 색	녹색	노란색
콩깍지 모양	편평한 꼬투리	잘록한 꼬투리
줄기	긴 줄기	짧은 줄기
꽃이 붙는 위치	측생화	정생화

의 제1법칙'이라고 지칭했다. 정리하면 다음과 같이 요약할 수 있다.(그림 8-2)

"각각의 형질은 대립인자(대립유전자) 한 쌍으로 결정되는데 제1세대에서 표현되는 것을 우성, 표현되지 않는 것을 열성이라 한다. 열성은 사라지는 것이 아니고 잠시 가려져 있다가 제2세대에서 다시 분리되어 나타난다."

멘델은 이어서 두 가지 대립형질을 동시에 관찰했다. 목적은 하나의 형질이 다른 형질이 표현되는 데에 영향을 주는지 여부를 조사하려는 것이었다. 두 가지의 대립

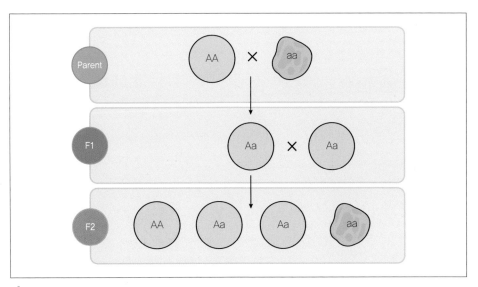

🧪 그림 8-2_ 멘델의 제1법칙

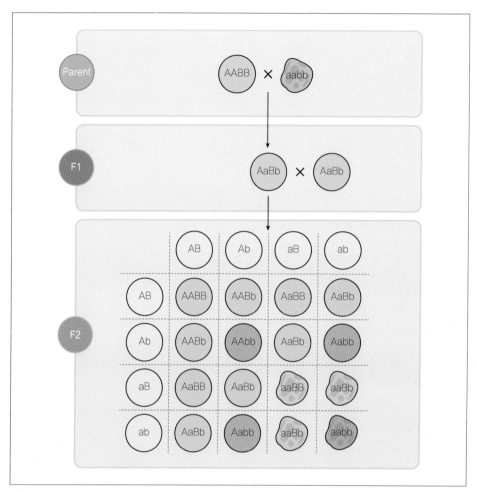

🧪 그림 8-3_ 멘델의 제2법칙

형질로는 씨의 모양[둥글거나(AA) 주름짐(aa)]과, 꽃의 색[노란색(BB)과 흰색(bb)]이 사용되었다. 그 결과 1세대에서는 우성 형질들(둥글고 노란색)만 나타났지만, 2세대에서는 각 형질이 9 : 3 : 3 : 1로 분리되었다. 이들을 모양별로, 또 색깔별로 나누어 정리해 보면 각각 3 : 1의 비율을 유지하고 있어 제1법칙에 전혀 어긋나지 않음을 알 수 있었다. 결론은 두 종류의 대립형질들이 서로 영향을 미치지 않고 독립적으로 유전된다는 것이다. 이를 '독립의 법칙, 또는 멘델의 제2법칙'이라 한다.(그림 8-3)

멘델은 연구 결과를 1866년에 "식물 잡종에 관한 연구"라는 제목으로 발표했다.

그러나 처음에는 인정을 받지 못하다가 1900년에 이르러서야 여러 학자에 의해 재발견되어 공식적으로 인정되었다. '유전'이라는 추상적인 개념을 실험을 통해 수식화했다는 점만으로도 멘델의 법칙은 과학사에 길이 남는 훌륭한 연구로 손꼽히고 있다. 유전 현상을 인위적으로 조작할 수 있다는 멘델의 생각은 현대 유전공학의 기초를 마련했다.

멘델이 말한 우성인자와 열성인자가 바로 오늘날의 '유전자' 개념이다. 각각의 형질이 유전자에 의해 결정되며 그 유전자들은 상동염색체 위에 있다는 오늘날의 개념과 정확하게 일치하는 것이다. 한편 모건(Morgan)은 초파리를 재료 삼아 멘델의 법칙을 동물에 적용했다. 모건의 연구를 통해 염색체별로 여러 유전자가 발견되었고, 이들의 상대적인 위치가 마치 지도를 그리듯 결정되었다. 모건은 1933년에 '유전자 지도' 업적으로 유전학 분야에서의 노벨상을 최초로 수여했다.

2 DNA의 구조와 기능

유전물질의 화학적 성분은 DNA이다. DNA는 고분자인 동시에 중합체(polymer)이다. 중합체란 여러 종류의 단위체(단량체, monomer)가 길게 사슬처럼 모인 것이다.(그림 8-4) DNA의 단위체는 뉴클레오티드(nucleotide)이다.(그림 8-5) 뉴클레오티드는 당(sugar)과 염기(base), 그리고 인(phosphate)이 서로 결합하여 형성된 구조이다.

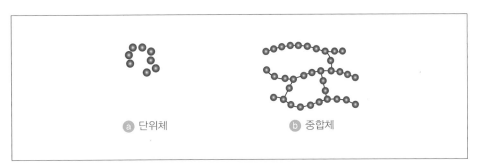

ⓐ 단위체   ⓑ 중합체

🧪 그림 8-4_ 단위체(단량체)와 중합체

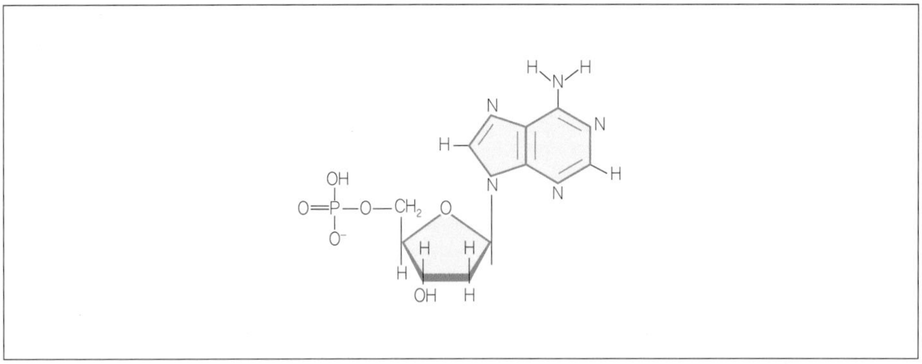

🧪 그림 8-5_ 뉴클레오티드의 기본 구조

① 뉴클레오티드

당은 5탄당으로 디옥시리보오스(deoxyribose)이다. 실제로 세포에서 발견되는 당은 고리 모양을 하고 있다. 염기는 질소염기(nitrogenous base)라고도 부른다.(그림 8-6) 고리 구조 안에 질소가 여러 개 들어 있기 때문이다. DNA의 염기는 모두 4종류이다. 아데닌(adenine), 구아닌(guanine), 시토신(cytosine), 그리고 티민(thymine) 등이다. 아데닌과 구아닌은 퓨린(purine)계 염기로서 육각형과 오각형의 고리 두 개가 연결된 구조이다, 반면에 시토신과 티민은 육각형 고리 하나만으로 되어 있고, 피리미딘(pyrimidine)계에 속하는 염기들이다.

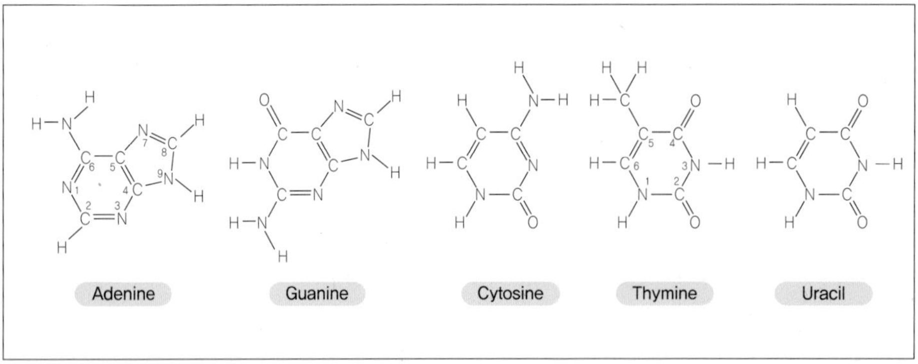

🧪 그림 8-6_ 질소염기들

(a) 2'-deoxyadenosine 5'-triphosphate

(b) 2'-deoxyguanosine 5'-triphosphate

(c) 2'-deoxycytidine 5'-triphosphate

(d) 2'-deoxythymidine 5'-triphosphate

그림 8-7_ DNA의 뉴클레오티드들

    염기와 당의 결합체를 뉴클레오시드(nucleoside)라 부른다. 뉴클레오시드에 인이 결합함으로써 비로소 뉴클레오티드가 완성된다.(그림 8-7) 인의 산성 성질 때문에 뉴클레오티드는 (−)전기를 띤다. 인은 최고 3개까지 붙을 수 있다. 뉴클레오티드는 DNA와 RNA의 기본 단위이다. 그렇기 때문에 DNA와 RNA는 전기적으로 (−)이고, 산성을 띠는 것이다.

쉽고 간결한 **생물학 노트**

② RNA와 DNA

일부 하등한 바이러스에서는 DNA 대신 RNA를 유전물질로 가지고 있기도 하다. RNA는 몇 가지 면에서 DNA와 구조적 차이가 발견된다. 첫째, 아데닌, 구아닌, 시토신은 DNA와 RNA 모두에서 발견되지만, RNA에서는 티민 대신 우라실(uracil)이 발견된다.(그림 8-8) 둘째, RNA의 당은 리보오스(ribose)이다.(그림 8-9)

셋째, RNA는 보통 외줄이지만 DNA는 두 줄이 서로 꼬여 감긴 이중나선(double helix) 구조를 하고 있다. 넷째, RNA는 반응성이 높아 변성되기 쉽다. 게다가 외줄이라서 물리적으로도 쉽게 부서지는 경향이 있다. 그 결과 RNA는 불안정한 구조일 수밖에 없다. 그래서 유전정보의 장기적인 저장 및 다음 세대로의 전달이라는 임무는 DNA가 맡고 있고, RNA는 유전자를 발현하여 단백질을 합성하는 짧은 기간에만 사용이 된다.

🧪 **그림 8-8_ 티민과 우라실**

🧪 **그림 8-9_ 리보오스와 디옥시리보오스**

③ DNA 이중나선

두 개의 뉴클레오티드가 결합하면 디뉴클레오티드(dinucleotide), 세 개가 결합하면 트리뉴클레오티드(trinucleotide)라 부른다. 그 이상 길어지면 폴리뉴클레오티드(polynucleotide)라는 용어를 사용한다.

DNA는 세포 내에서 두 줄로 되어 있다. 두 줄의 폴리뉴클레오티드가 나선구조로 결합함으로써 염기들 역시 쌍(base pair)을 이루게 되었고, 당과 인으로 된 바깥쪽의 골격에 의해 보호받을 수 있는 것이다. DNA의 나선구조는 모든 방향으로부터 염기, 즉 유전정보를 철저하게 보호할 수 있는 완벽한 구조이다. 1953년에 Watson과 Crick이 DNA의 이중나선구조를 발표하여 노벨상을 받았다.

Watson과 Crick이 발표한 DNA 이중나선구조의 특징은 다음과 같다.(그림 8-10) 첫째, DNA는 두 줄의 폴리뉴클레오티드로 구성되어 있다. 각 염기쌍 사이의 거리는 0.34nm이며 나선 축의 주위를 따라 36° 간격으로 회전하고 있다. Watson과 Crick의 DNA 모델을 따르면 1회전 주기마다 10개의 염기쌍이 있으며 (360°/10=36°), 회전 높이는 3.4nm가 된다. 이중나선의 지름은 2.0nm이다.

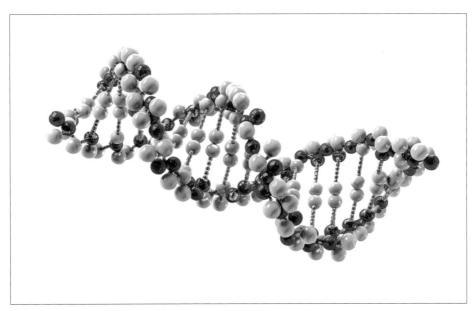

🧪 그림 8-10_ DNA 이중나선구조

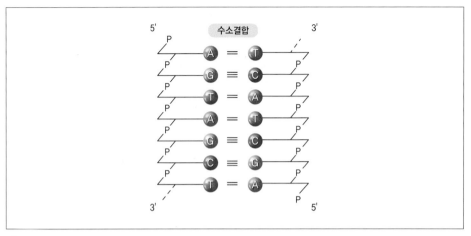

수소결합

△ 그림 8-11_ DNA 이중나선구조

둘째, DNA의 바깥쪽에는 당과 인이 골격(backbone)처럼 연결되어 있고 염기들은 쌍을 이루어 그 안쪽에 위치함으로써 보호를 받고 있다. 당과 인의 골격은 친수성 (hydrophilic)이라서 바깥쪽을 향하지만, 염기는 소수성(hydrophobic)이라서 자연스럽게 안쪽으로 배열이 된다. 이러한 구조 때문에 DNA는 마치 사다리에 발판이 차곡차곡 놓인 것 같은 모습을 하고 있다. 염기쌍(base pair)을 약어로 bp라 표시한다. bp는 곧 DNA의 길이를 표시하는 단위이다. 사람의 이배체 세포 내 DNA는 약 $6×10^9$bp, 세균인

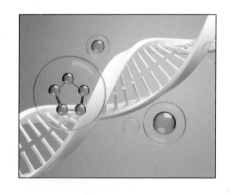

대장균의 DNA는 약 $3×10^6$bp라고 알려져 있다. 1,000bp는 1kb에 해당한다.

셋째, 염기 사이의 결합은 서로 상보적(complementary)이다.(그림 8-11) 즉, 아데닌은 항상 티민과, 시토신은 항상 구아닌과 결합한다는 뜻이다. 그러므로 DNA에서는 한쪽의 염기서열을 알고 있으면 어렵지 않게 반대편 폴리뉴클레오티드의 염기서열을 유추해낼 수가 있다. 상보적 결합은 곧 DNA의 자기복제를 암시하는 것이다. 염기 간의 결합은 수소결합이다. A와 T 사이에는 두 개, C와 G 사이에는 세 개의 수소결합이 있다.

넷째, DNA는 오른쪽 감김(right-handed)이다. 오른쪽 감김이란 높은 건물의 나선형 계단을 오른다고 가정할 때 오른손으로 난간을 붙잡고 올라가는 모습이다.

다섯째, Watson과 Crick이 제시한 DNA 모델은 B형이다. B형 DNA는 실제로 세포 내에서 발견되는 형태이다. DNA에는 B형 외에도 수분 함량에 따라 A, C, Z 등 다양한 형태로 존재할 수 있다.

④ 원핵세포의 DNA

원핵세포와 진핵세포의 가장 큰 차이점은 핵막의 유무이다. 진핵세포에서는 유전물질인 DNA가 다른 세포 소기관으로부터 격리되어(핵막에 둘러싸여) 보호받는 한편 원핵세포에서는 핵이 없어 세포질에 그냥 노출되어 있을 수밖에 없다. 대표적인 원핵세포인 대장균의 경우 99% 이상의 DNA가 뉴클레오이드(nucleoid)라는 특수 구조에 하나로 뭉쳐져서 발견된다.(그림 8-12) 즉 대장균은 한 개의 염색체만을 가지고 있다.

원핵세포에서는 플라스미드(plasmid)라 불리는 염색체 외 DNA가 종종 발견된다. 크기가 작아서 전체 DNA의 1% 미만밖에 들어 있지 않지만 유전공학에 이용되므로 중요한 구조라 할 수 있다. 플라스미드는 원래 원형이지만 세포 안에서는 배배 꼬인

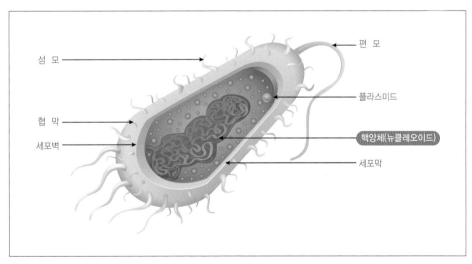

섬 모
편 모
플라스미드
협 막
핵양체(뉴클레오이드)
세포벽
세포막

🧪 그림 8-12_ 뉴클레오이드

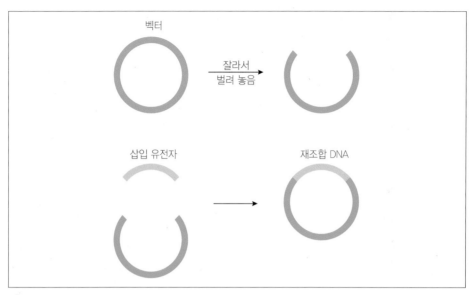

벡터

잘라서
벌려 놓음

삽입 유전자

재조합 DNA

🧪 그림 8-13_ 유전공학의 원리

초나선 형태(supercoil)를 취하고 있다. 플라스미드는 세포에서 쉽게 빼내고 또다시 집어넣을 수 있다. 플라스미드를 꺼내어 절단한 뒤 이 자리에 우리가 원하는 유전자(예를 들어 당뇨병 치료제인 인슐린의 유전자)를 재조합하여 대장균에 다시 넣어 주면 대장균이 빠르게 분열하면서 인슐린을 대량 생산해낼 수 있다. 게다가 플라스미드 자체도 대장균 한 마리 안에서 수천 개까지 늘어날 수 있기 때문에 유전공학에 중요한 도구이다.(그림 8-13)

3　염색체와 유전자

　진핵세포에서는 염색체가 뚜렷하게 발견된다. 예를 들어 사람의 세포 하나에서 DNA를 분리해 연결하면 거의 2m가 될 정도로 긴데 이것이 차곡차곡 46개 염색체에 잘 감겨 있다. 원핵세포와 비교해서 엄청나게 거대한 DNA 분자가 세포핵 속으로 어떻게 차곡차곡 들어갈 수 있는지 불가사의한 일이 아닐 수 없다. 그에 대한 해답은 바로 진핵세포의 염색체 구조에 있다. 즉, 유전정보인 DNA가 마치 얼레에 감긴 연줄처럼 단백질 지지대에 질서정연하게 감겨 있다는 것을 알 수 있다.

① 진핵세포의 DNA

진핵세포의 DNA는 원핵세포와 비교할 때 몇 가지 차이가 있다. 첫째, DNA가 여러 개 토막으로 나누어져 있다는 것이다. 사람의 경우에도 전체 DNA가 46개의 염색체에 나뉘어 감겨 있다. 둘째, 염색체 DNA의 양쪽 끝은 텔로미어(telomere)라고 불리는 특수 구조가 감싸고 있다. 텔로미어가 없으면 염색체끼리 서로 달라붙고 만다. 셋째, 진핵세포의 염색체는 두 개가 한 쌍을 이루고 있다. 동일한 종류의 유전자가 들어 있기 때문이다. 이들을 상동염색체라 부른다.

체세포에는 상동염색체가 모두 들어 있기 때문에 이배체(diploid)라 부른다. 반면 정자와 난자 같은 생식세포에는 각 쌍 중 한쪽만 들어 있기에 반수체(haploid)라 부른다. 상동염색체 중 하나는 아버지로부터, 다른 하나는 어머니로부터 물려받는다. 넷째, 진핵세포에서도 염색체 외 DNA가 발견된다. 이들 DNA는 미토콘드리아와 엽록체에 들어 있다. 원래 이들은 진핵세포와 별개로 진화한 박테리아지만 공생설(symbiosis)에 의해 한 세포 안에 공존하게 된 것이다.(그림 8-14) 그러므로 유전암호의 체계가 핵 DNA(nuclear DNA)와는 상당한 차이가 있다.

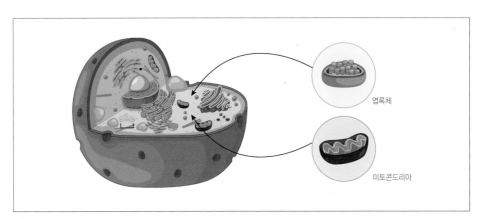

엽록체

미토콘드리아

🧪 그림 8-14_ 공생설

다섯째, 진핵세포의 DNA를 살펴보면 필요 이상으로 그 양이 많은 것을 알 수 있다. 반수체 세포만 해도 DNA의 길이가 $3×10^6$kb이다. 게놈(genome) 또는 유전체는 한 세포 안에 들어 있는 전체 유전물질을 뜻하는 용어이다.

② 사람의 염색체

염색체를 구별하는 기준에는 여러 가지가 있지만 길이에 의한 구분이 제일 흔한 방법이다. 예를 들어 사람의 염색체는 46개인데(여성 44+XX, 남성 44+XY), 가장 긴 것부터 1번으로 번호를 붙여나간다. X와 Y는 성염색체이다.(그림 8-15) 단, 거의 구분이 안될 정도로 비슷한 크기인 21번과 22번 사이에서는 21번이 실제로는 더 작다. 각 번호에 해당하는 염색체는 두 개씩인데 앞서 말한 대로 이들은 상동염색체이다. 상동염색체의 유전자는 비록 같은 종류일지라도 한쪽이 우성, 또 다른 쪽이 열성일 수 있다.

염색체의 양쪽 끝은 텔로미어(telomere)라 불리는 특수 구조로 되어 있다. 텔로미어는 몇 가지 면에서 대단히 중요하다. 첫째, 텔로미어가 양 끝에 있어 그 안쪽에 위

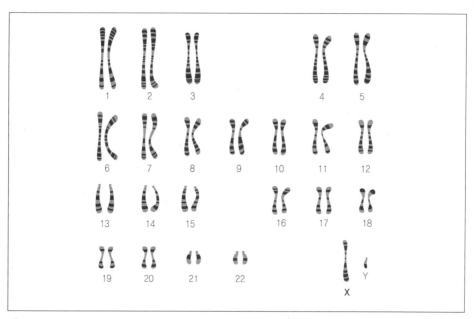

그림 8-15_ 사람의 염색체

치한 중요 유전자들을 보호해 준다. 둘째, 텔로미어가 없으면 염색체의 양 끝은 굉장히 반응성이 높아 서로 붙어버리고 만다. 결국 텔로미어 때문에 개개의 염색체의 형태가 유지될 수 있는 것이다. 1985년에 원생동물인 Tetrahymena에서 텔로머라아제(telomerase)라는 효소가 발견되었다. 텔로머라아제는 염색체가 짧아지지 않도록 보호해주는 효소인데 암(cancer) 발생과 연관성이 있어서 많은 연구의 대상이 되고 있다.

③ 중심설

DNA가 생명의 근원이라 불리는 이유는 무엇일까? 그것은 DNA가 모든 생명 현상의 설계도이기 때문이다. 첫째, DNA는 자기복제(replication)를 할 수 있다. 복제를 통해 유전정보를 다음 세대로 전해주는 실질적인 의미의 유전물질이다. 둘째, DNA에는 단백질을 만드는 암호들이 들어 있다. 각각의 아미노산에 대한 암호는 뉴클레오티드(엄밀하게는 그중에서도 염기) 3개의 조합으로 되어 있다. 그러니까 이 조합에 따라 어떤 아미노산의 순서로 단백질이 만들어질까가 결정되는 것이다. 우리 몸의 일선에서 생리 기능을 수행하고 있는 것은 단백질이지만 그 단백질들은 전적으로 DNA의 유전암호에 따라 만들어진다는 말이다. DNA에서 단백질이 만들어지는 유전자 발현(gene expression)은 전사(transcription)와 해석(번역, translation)의 두 단계로

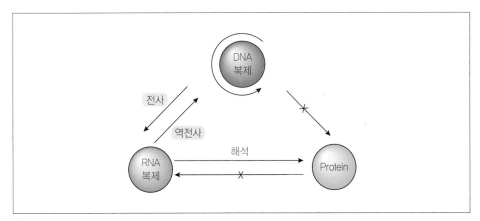

🧪 그림 8-16_ 중심설

이루어진다. 셋째, 최근에는 역전사(reverse transcription) 현상도 발견되었다. 역전사는 RNA를 주형으로 하여 거꾸로 DNA가 만들어지는 것인데, AIDS 바이러스나 일부 간염 바이러스에서 볼 수 있는 현상이다.

DNA 복제, 전사, 해석 등의 관계를 설명한 도식이 중심설(Central Dogma)이다.(그림 8-16)

단백질은 우리 몸에서 효소 기능, 수축과 이완, 면역 작용, 운반 작용, 호르몬 작용 등을 통해서 모든 생리 기능을 조절해준다. 때문에 유전공학기술로 DNA를 조작하여 단백질을 변형시키고, 그 결과 전체 생리작용을 변화시킬 수 있다는 것은 지극히 당연한 이치이다.

④ 유전자

유전자(gene)란 간단히 말해 긴 DNA 분자의 각 부분 부분을 말한다.(그림 8-17) 인간게놈프로젝트에 의하면 사람의 DNA에는 적어도 25,000~30,000여 종류의 유전자가 있다고 밝혀져 있다. 또한 길이도 다양해서 어떤 유전자는 수십 bp밖에 되지 않는 반면, 1,000kb가 넘는 복잡한 유전자도 간혹 발견된다. bp는 염기쌍(base pair)의 약어로서 DNA의 길이를 나타내는 단위이다. 어떤 DNA 부분은 유전정보가 없고, 그저 두 개의 유전자를 연결해주는 '유전자 간 DNA'로서의 역할만 하기도 한다. 하나의 유전자 내에서 두 개의 엑손(exon)을 이어주는 인트론(intron)도 그중 하나이다. 사람의 DNA 중 20% 미만만이 실제로 유전정보를 가지고 있다고 믿고 있다.(그림 8-17)

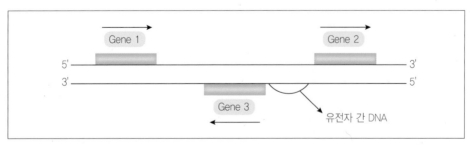

🧪 그림 8-17_ 유전자의 배열

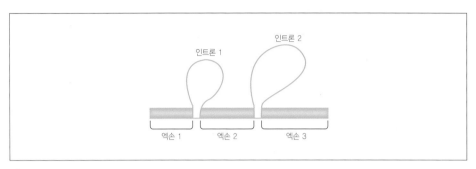

🧪 그림 8-18_ 엑손과 인트론

    진핵세포(eukaryote)의 유전자에서 볼 수 있는 특징은 엑손(exon)이라 부르는 부분과 인트론(intron)이라 부르는 부분이 나뉜다는 것이다.(그림 8-18) 보편적으로 엑손은 유전정보가 들어 있는 부분을, 인트론은 유전정보는 없지만 두 개의 엑손을 이어주는 부분을 지칭한다. 엄밀하게 말하면 발현의 결과 만들어진 mRNA상에 최종적으로 나타나는 부분을 엑손, 전사 과정에서 제거되어 없어지는 부분을 인트론이라 한다.

4 복제와 유전자 발현

① DNA 복제

    이중나선의 DNA는 반보존 모델(semiconservative model)에 의해서 복제된다.(그림 8-19) 이 모델은 모세포의 DNA 두 가닥이 풀려 나오고 이들을 각각의 주형(template)으로 하여 새로운 가닥이 합성됨으로써 이전의 것과 새것의 잡종 DNA(hybrid DNA)가 만들어지는 모델이다.

    DNA의 복제는 여러 효소가 함께 힘을 합쳐 이루어내는 대단히 복잡한 과정이다.(그림 8-20) 진핵세포에서는 조금 더 복잡하지만 대장균에서 전체 과정이 잘 밝혀져 있기에 이를 예로서 설명한다. 제일 먼저 DNA를 나선의 반대 방향으로 휘감아 풀어주는 효소는 헬리카아제(helicase)이다. 헬리카아제가 앞으로 진행하면서 DNA

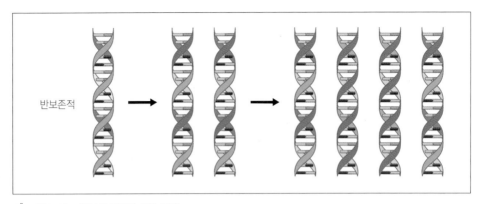

🧪 그림 8-19_ 반보존 모델에 의한 복제

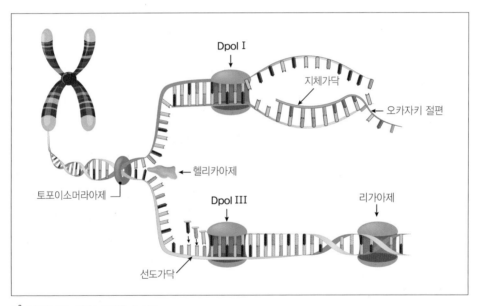

🧪 그림 8-20_ DNA 복제와 효소들

의 두 줄을 풀어나가면 두 가닥의 주형(template)이 드러나게 된다.

헬리카아제가 나선구조를 풀어 DNA 복제를 시작하는 지점을 DNA의 복제개시점(replication origin)이라 부른다. 일단 복제개시점이 열리면 좌우로 두 개의 복제분기점(replication fork)이 생기게 마련이다.(그림 8-21)

헬리카아제가 DNA를 조금씩 벌려 나가더라도 언제나 원래대로 되돌아가려는 장

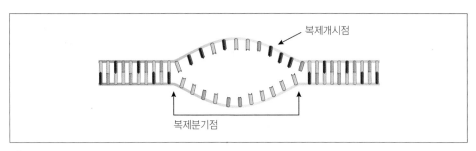

🧪 그림 8-21_ 복제분기점과 개시점

력이 작용하기 마련이다. 그렇기 때문에 풀린 DNA 주형을 그대로 두고 헬리카아제
가 떨어져 나온다면 이들은 곧 다시 휘감겨 버리고 말 것이다. 이를 막기 위해 풀린
자리에 달라붙어 되감기려는 장력으로부터 외가닥 주형을 보호하는 단백질들이 있
다. 외줄주형결합단백질(SSBP, single-strand binding protein)이다.

　DNA는 합성이 아닌 중합에 의해 만들어진다. 다시 말해서 비록 DNA의 주형이
열려 있다 하더라도 무언가 그 위에 작은 핵산 조각이 미리 붙어 있어야 그 끝에 새
로운 뉴클레오티드를 이어붙여 나가는 중합이 가능하다는 뜻이다. 이렇게 새로운
DNA 합성에 앞서 미리 주형에 달라붙어 있어야 하는 작은 핵산 조각을 프라이머
(primer)라고 부른다.(그림 8-22)

　흥미로운 것은 DNA의 복제 과정임에도 불구하고, 사용되는 프라이머가 RNA라
는 것이다. RNA 프라이머는 6개에서 30개 정도의 뉴클레오티드가 연결된 짧은 폴
리뉴클레오티드인데 RNA 중합효소(RNA polymerase)에 의해 만들어진다. 일단 프라
이머가 DNA 주형에 붙으면 본격적으로 DNA의 합성이 시작된다. 즉, RNA 프라이
머 끝에 DNA 뉴클레오티드가 새로 연이어 붙어나가는 것이다.

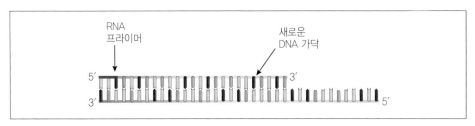

🧪 그림 8-22_ 프라이머(primer)

DNA 중합효소 I, II, III번 중 가장 빠른 효소는 III번이다. DNA 중합효소는 문자 그대로 중합반응을 촉진하는 효소이다. 중합이란 미리 존재하는 DNA 또는 RNA 끝에 새로운 뉴클레오티드를 더해 나가는 반응을 말한다. 대장균의 DNA 중합효소(DNA polymerase)에는 세 가지 종류(I, II, III)가 있다. DNA 중합효소 I과 III의 구체적인 역할은 잘 밝혀져 있지만, DNA 중합효소 II에 대해서는 아직도 논란이 많다. DNA 중합은 주로 III번 효소에 의해 이루어지고(실험실에서 측정한 바에 의하면 1초당 약 100개의 뉴클레오티드를 중합하는 것으로 알려져 있다), I번은 복제과정에서 잘못이 일어나면 이를 교정해주거나 프라이머를 제거해주는 등 수리작업에 관여한다.

DNA 합성은 한 줄이 빠르게 진행되는 반면 다른 줄은 상대적으로 느리게 만들어진다. 계속적으로 빠르게 이어져 만들어지는 가닥을 선도가닥(leading strand)이라 하고, 토막으로 만들어지기에 시간이 지체되는 가닥을 지체가닥(lagging strand)이라 부른다. 이때 만들어지는 DNA 절편(DNA fragment)들은 오카자키절편(Okazaki fragment)이다. 오카자키가 처음으로 DNA 합성이 불연속적이라는 것을 실험으로 밝혔기 때문이다.

오카자키절편들 끝마다 RNA 프라이머들이 붙어 있는데, 이를 DNA 중합효소 I이 제거해준다. 이제 DNA 리가아제(DNA ligase)가 절편들을 서로 이어주면 전체 DNA 합성이 완료될 수 있다.

완성된 DNA를 최종 나선구조로 꼬아주는 것은 토포이소머라아제(topoisomerase)이다.

② 전 사

RNA는 RNA 중합효소(RNA polymerase)에 의해 만들어진다. RNA 중합효소에 대한 연구 역시 대장균에서 집중적으로 수행되었고 세부 구조도 이미 잘 밝혀져 있다. RNA 중합효소는 대장균 한 마리에 7,000여 개 정도 들어 있다. RNA 중합효소는 다섯 개의 소단위(subunit)로 구성되어 있다. 이들은 각각 두 개의 α와 한 개의 β, 그리고 β'와 σ이다.

RNA 중합효소는 기능에 따라서 두 가지 형태로 변신이 가능하다. σ까지 붙어

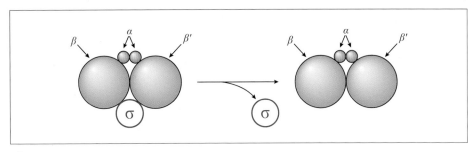

🧪 그림 8-23_ 대장균의 RNA 중합효소

$\alpha 2\beta\beta'\sigma$의 온전한 구조를 취했을 때가 완전효소(holoenzyme)이다. 그러나 σ가 떨어져 나가면 $\alpha 2\beta\beta'$ 형태로 중심효소(core enzyme)가 된다. 이 두 가지의 서로 다른 형태는 전사 과정에서의 임무 역시 조금 다르다.(그림 8-23)

유전자의 앞부분은 RNA 중합효소가 인식할 수 있도록 특별한 구조를 하고 있다. 이 부분을 전사를 촉진시킨다는 의미에서 프로모터(promoter)라 부른다.(그림 8-24) 프로모터는 보통 TATA 또는 이것이 약간 변형된 염기서열이다. 때로는 프로모터를 TATA box, 또는 Pribnow box라고 부른다.

전사가 시작되는 첫 번째 염기를 +1로 지칭한다. 그리고 프로모터는 이보다 위쪽으로 10여 개(-10) 정도 떨어져 있다. RNA 중합효소의 σ가 바로 이 프로모터를 인식

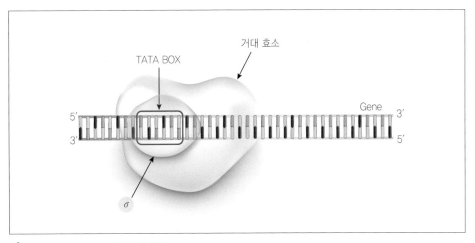

🧪 그림 8-24_ 프로모터와 전사 개시

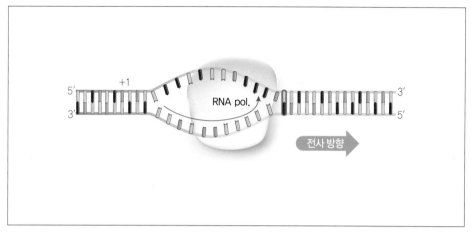

🧪 그림 8-25_ RNA의 연장

할 수 있다. σ는 DNA를 스캐닝해 나가다가 프로모터를 발견하면 달라붙어서 여기가 바로 유전자의 시작임을 알려준다. 그리고는 의무를 다했기 때문에 떨어져 나가게 된다. 그런 다음 중심효소만 남아 TATA box를 벌린 다음 +1 지점으로부터 상보적 뉴클레오티드를 이어나가기 시작한다. 프로모터의 염기서열이 TATA인 이유는 T와 A 사이에는 수소결합이 2개밖에 없으므로 RNA 중합효소가 비교적 쉽게 벌어질 수 있기 때문이다.(그림 8-25)

RNA 합성은 단순한 중합반응으로서 DNA 주형에 상보적인 염기를 계속 연장(elongation)해 나가는 생화학반응의 연속이다. 다만 주형이 A일 때 상보적 염기로서 T 대신 U를 집어넣는 것이 주의할 점이다.

전사의 마지막 단계는 종결(termination)이다. 유전자의 끝부분에는 회문구조라는 특별한 염기서열이 존재한다. 회문구조란 그림처럼 180° 회전시켰을 때 다시 원래 상태로 돌아올 수 있는 염기서열을 의미한다.(그림 8-26) 회문구조는 내부적인 상보적 염기 결합에 의해 십자형태(cruciform)를 이룰 수 있다.

종결은 RNA 중합효소가 전사를 진행해 나가다가 DNA에서 십자형 구조를 발견하면 여기를 유전자의 끝으로 인식하고 정지함으로써 완성된다. 전사가 종결되면 새로 합성된 RNA와 중합효소 등이 모두 DNA 주형에서 떨어져 나간다. 중심 효소는 다시 σ와 결합하여 완전효소를 형성한 뒤 두 번째 전사에 다시 나서게 된다.

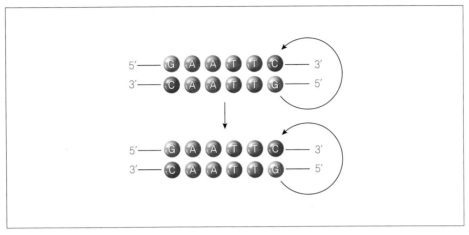

🧪 그림 8-26_ 회문구조

③ RNA의 종류

대표적인 RNA들은 rRNA, tRNA, mRNA이다. tRNA와 rRNA는 안정한 RNA(stable RNA)로 분류가 되는 반면에 mRNA는 불안정한 RNA(unstable RNA)로 분류하고 있다. tRNA와 rRNA는 일단 만들어지면 거의 세포와 수명을 같이 하지만 mRNA는 필요할 때에만 만들어지고 사용 후 곧 다시 분해되어 버리기 때문이다. 예를 들어 식사 후에는 소화효소가 필요하고 그 효소를 만들기 위한 유전정보가 DNA로부터 전사되어 나온다. 이때 만들어지는 mRNA

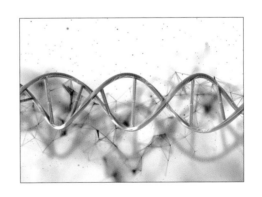

는 음식물이 모두 소화되고 나면 빨리 사라져버린다. 이 때문에 mRNA는 필요할 때에만 만들어졌다가 쉽게 분해되는 불안정한 RNA라는 것이다.

tRNA와 rRNA는 세포질에서 mRNA를 기다린다. mRNA가 DNA의 유전정보를 복사해 나오기를 기다리는 것이다. 그리고 그 정보에 따라 단백질을 합성해 나간다. 이들의 관계는 마치 건축 현장에서 필요한 도구들과 같다. 즉, 중요한 원본 설계도인

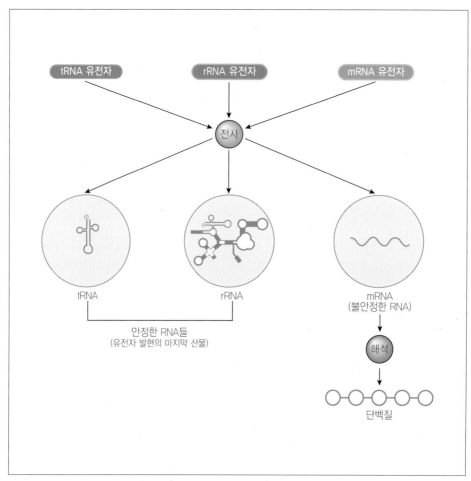

🧪 그림 8-27_ tRNA, rRNA, mRNA

DNA는 핵이라는 캐비닛에 잘 보관해 놓고, 대신 복사본인 mRNA를 건축 현장인 세포질로 가져오는 것이다. 물론 원핵세포에는 핵이 없기 때문에 이 모든 일이 세포질에서 함께 일어난다. 세포질의 rRNA와 tRNA는 마치 톱이나 대패 같은 연장으로 작용해 단백질을 합성해 내는 것이다. mRNA가 필요할 때만 이용되고 분해되는 것은 집을 다 지은 다음 설계 복사본을 폐기해 버리는 것과 비슷한 원리이다. 설계 도면과는 달리 tRNA와 rRNA는 또 다른 단백질 합성에 계속 사용되어야 할 연장이므로 안정한 RNA들이다.(그림 8-27)

🧪 그림 8-28_ 진핵세포의 mRNA의 Cap 구조(네모 상자 부분)

　원핵세포에서는 단순히 mRNA가 만들어지자마자 해석이 시작되는 반면, 진핵세포의 mRNA는 일부 변형이 필요하다. 첫째는 한쪽 끝에 메틸기(CH_3)를 붙여 변형시켜주는 것이다. 이 변형된 구조를 캡(Cap)이라 부르는데 mRNA를 안정시켜주기 위한 장치이다.(그림 8-28) 둘째, 유전암호가 들어 있지 않은 인트론 부분은 제거해주어야 한다. mRNA에서 인트론이 제거되고 엑손들끼리만 이어져 해석이 가능한 mRNA가 만들어지는 과정을 RNA 이어맞추기(RNA splicing)라고 한다.(그림 8-29) 셋째, 진핵세포의 mRNA에는 아데닌 뉴클레오티드가 수십 개에서 수백 개까지 붙은 poly(A)의 꼬리가 존재한다. 이 또한 mRNA의 안정성을 높이기 위한 장치이다. 특이할 점은 히스톤 mRNA에는 이 poly(A) 꼬리가 없다는 것이다.

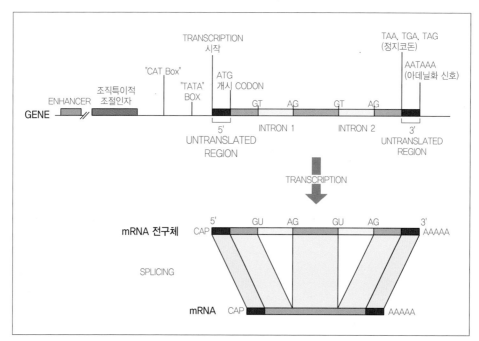

🧪 그림 8-29_ 진핵세포의 유전자 구조 및 RNA 이어 맞추기

④ 유전암호

tRNA, rRNA의 도움을 받아 mRNA의 염기서열이 단백질의 아미노산 서열로 바뀌는 과정이 번역(또는 해석, translation)이다. 아미노산의 서열은 유전암호의 순서에 따라 결정된다.

개개의 유전암호인 코돈(codon)은 세 개의 뉴클레오티드가 단위이다.(표 8-2) 유전암호와 아미노산 서열들은 완전히 일치하므로 순서적으로 이어져 있지만, 중간에 교차되거나 건너뛰는 일이 전혀 없다. 유전암호는 총 64종류가 있다.

유전암호의 특징을 몇 가지로 정리해 볼 수 있다. 첫째, 유전암호들은 퇴화되어 있다. 여기서 퇴화의 의미는 유전암호가 64종류임에 비해 아미노산은 불과 20여 종밖에 되지 않다는 뜻이다. 즉, 아미노산에 따라 해당 유전암호가 한 개에서 여섯 개까지 다양하다는 것이다. 예를 들어 trp, met 등은 각각 유전암호가 TGG, ATG인 반면에 his, gln 등은 두 개의 유전암호를, ile 등은 세 개, 기타 gly, val 등은 네 개의

△ 표 8-2_ 유전암호표

첫 번째 자리 (5' 말단)	두 번째 자리				세 번째 자리 (3' 말단)
	U	C	A	G	
U	Phe	Ser	Tyr	Cys	U
	Phe	Ser	Tyr	Cys	C
	Leu	Ser	정지	정지	A
	Leu	Ser	정지	Trp	G
C	Leu	Pro	His	Arg	U
	Leu	Pro	His	Arg	C
	Leu	Pro	Gln	Arg	A
	Leu	Pro	Gln	Arg	G
A	Ile	Thr	Asn	Ser	U
	Ile	Thr	Asn	Ser	C
	Ile	Thr	Lys	Arg	A
	Met	Thr	Lys	Arg	G
G	Val	Ala	Asp	Gly	U
	Val	Ala	Asp	Gly	C
	Val	Ala	Glu	Gly	A
	Val	Ala	Glu	Gly	G

유전암호, 그리고 arg, ser 등은 여섯 개의 유전암호가 각각 해당한다. 그리고 정지 코돈도 TAA, TGA, TAG의 세 개나 된다. 퇴화의 정확한 이유는 알려져 있지 않다. 아마도 해석의 속도를 증가시키거나 돌연변이의 악효과를 억제하려는 생물학적 장치로 보고 있다.

둘째, 유전암호에도 시작과 끝이 있다. 시작은 met의 AUG이고, 끝에 해당하는 유전암호는 모두 세 종류이다. 새로 만들어지는 단백질은 항상 met으로 시작된다. 실제로 세포에서 발견되는 단백질들의 시작이 met이 아닐 수도 있는데 이는 일단 만들어진 다음 세포 내 제거 과정에 의해 변형되기 때문이다. 셋째, 유전암호는 모든 생물에 공통이다. 즉 어떤 유전암호가 어떤 아미노산을 지정하는가 하는 것이 모든 생물체에서 동일하다. 이는 사람의 인슐린 유전자를 대장균에 넣어 주어 대량생산할

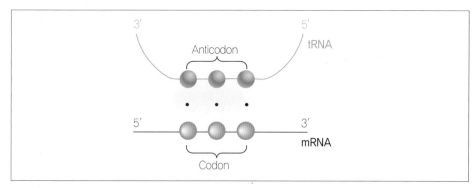

🧪 그림 8-30_ 코돈과 안티코돈

수 있는 유전공학의 중요한 단서이다. 단지 미토콘드리아 등 별도의 유전자 체계를 가지고 있는 세포소기관은 일부 유전암호가 다를 수도 있다.

⑤ 해 석

유전암호가 단백질의 아미노산 서열로 바뀌기 위해서는 일종의 중간자가 필요하다. 유전암호에 따라 아미노산을 옮겨오는 것은 tRNA이다. tRNA의 안티코돈(anti-codon)은 mRNA의 코돈(codon)을 읽어낸다.(그림 8-30) tRNA는 우측 위첨자로 운반하는 아미노산의 명칭을 기재한다. 예를 들면 tRNA^{ser}가 그것이다. tRNA의 반대쪽에서는 안티코돈과 코돈 사이에 일시적인 수소결합 반응이 일어난다. 해석은 개시, 연장, 종결의 3단계로 진행된다.

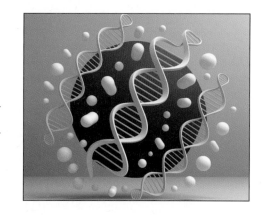

개시는 mRNA의 유전암호 중 첫 번째 코돈인 AUG를 리보좀과 tRNA^{met}이 합력하여 알아차린 다음, 계속해서 다음 코돈에 해당되는 아미노산을 붙여나가는 것이다.(그림 8-31) 대개의 mRNA는 앞쪽에 AGGAGGU라고 하는 잘 보존된 염기서열을 가지고 있다. 이는 해석의 시작점을 알

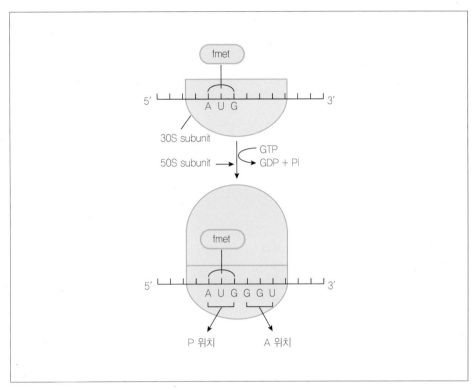

🧪 그림 8-31_ 해석의 개시

리는 신호이다. 일단 리보좀은 이 염기서열을 인식하고 아래쪽으로 이동하여 가까운 AUG를 찾아낸다. 리보좀이 자리잡으면 tRNA^{met}가 들어와 AUG 위치에 먼저 자리를 잡는다(P 위치). 대장균에서는 met 대신에 변형된 fmet이 이 자리에 들어온다. 리보좀에는 두 번째 tRNA가 들어올 자리가 열려 있으므로(A 위치) 계속해서 tRNA들이 날아오는 아미노산을 이어 붙이게 된다.(그림 8-32) 이 반응은 생화학반응으로 aminoacyl-tRNA라는 효소의 도움으로 이루어진다.

　계속 연장해오다가 정지코돈에 다다르게 되면 더이상 그에 해당하는 아마노산이 존재하지 않는다. 그러면 더 이상의 펩티드 결합이 일어나지 않아 RF라는 종결인자의 도움으로 지금까지 만들어진 1차 구조의 단백질(폴리펩티드, polypeptide)이 떨어져 나간다. 계속해서 소포체, 골지체를 거치면서 단백질의 2, 3, 4차 구조가 완성되게 된다.

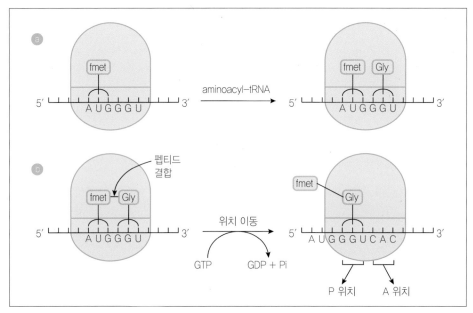

🧪 그림 8-32_ 해석의 연장

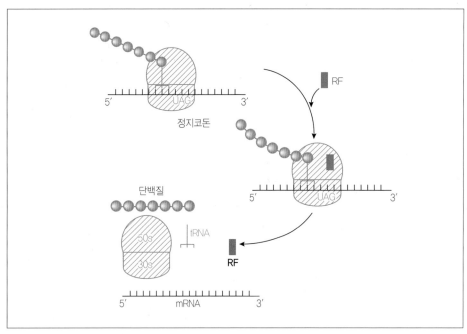

🧪 그림 8-33_ 해석의 종결

5 돌연변이

 DNA 차원에서의 돌연변이는 다음과 같은 변화들 때문에 일어날 수가 있다. 첫 번째는 점 돌연변이(point mutation)이다. 즉 하나의 뉴클레오티드가 다른 것으로 바뀌는 변화이다. 두 번째 경우는 유전자의 일부분이 삽입(insertion)되거나 결실(deletion)되는 것이다. 세 번째는 일부가 떨어져 나온 다음 그것이 통째로 뒤집혀서 다시 삽입되는 경우이다. 이런 경우를 역위(inversion)라 부른다.

 상기한 돌연변이들은 상황에 따라서 만들어지는 단백질의 변화를 불러일으킬 수도 있고 그렇지 않을 수도 있다. 침묵 돌연변이(silent mutation)는 유전자에 변이가

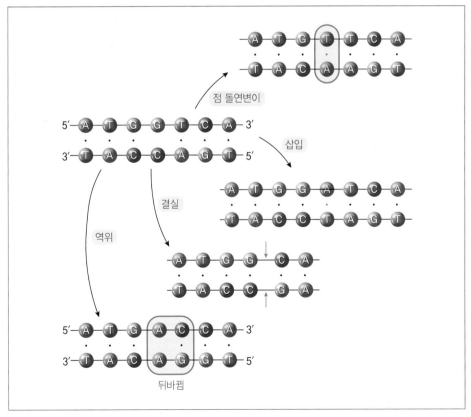

🧪 그림 8-34_ 돌연변이의 종류

생겨도 단백질에는 영향을 미치지 않는 경우를 말한다. 삽입이나 결실은 유전암호를 읽는 틀(reading frame)을 바꾸어 버리는데, 이를 틀바꿈 돌연변이(frameshift)라 하고 가장 치명적인 결과가 올 수 있는 경우이다.

돌연변이의 효과는 종종 생물체가 스스로 재복원하려는 힘 때문에 되돌려질 수 있다. 가장 흔한 것이 복귀 돌연변이(back mutation)인데 이는 한 번 일어난 돌연변이가 원래의 염기서열대로 되돌아가는 것이다.

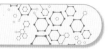

6 유전질환

전통적으로 유전질환의 범위에는 윗세대로부터 전해지는 질환만이 포함되었다. 그러나 유전학과 첨단 의학이 발달하면서 세대를 통해 전해지지 않더라도 유전자 일부가 변이를 일으켜 걸리는 질환까지도 유전질환에 점차 포함시키는 추세이다. 지나친 음주나 흡연, 마약, 환경호르몬 등에 노출되어 생기는 질병은 다음 세대로 전달되지 않는다. 다시 말해 후천적 환경요인으로 인해 유전자 변이가 일어났고, 결과로 폐암이나 간암에 걸렸을 경우 정자나 난자 같은 생식세포는 여전히 정상이기에 다음 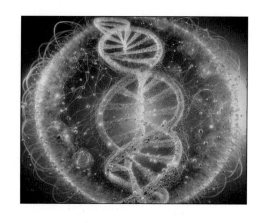 세대로 전달되지 않는다. 그럼에도 불구하고 유전자의 문제로 인한 질환이라는 차원에서 최근에는 암까지도 유전질환 범주에 포함시키는 추세이다.

유전질환은 종류도 많지만 대부분 치료가 어려워 본인과 가정은 물론 사회적으로도 큰 문제가 되고 있다. 최근의 늦은 출산은 이러한 유전질환의 빈도를 더욱 높이는 원인이 되고 있다. 선천성 질환의 빈도는 경미한 사안까지 포함하면 대략 신생아 100명당 1명으로 추산된다. 사람의 유전자는 약 25,000~30,000개로 추산되는데,

이 중 3,000~4,000여 개의 유전자가 유전병을 일으킨다고 알려져 있다.

유전질환의 빈도는 인종별로 다르다. 예를 들어, 구순구개열은 백인이 약 1,000명 당 1명인 데 비해 동양인은 그 2배나 된다. 또한 동양인에게 겸상적혈구 빈혈증이 흔한 반면 서양인에게는 낭포성 섬유증, 지중해성 빈혈증 등이 흔하다. Tay-Sachs 질환은 유태인에게서만 발병된다.

출생 이전에 미리 유전질환을 검사하는 것을 산전진단(prenatal diagnosis)이라고 한다. 유전병을 미리 검사하여 알려는 이유는 선천성 기형아의 탄생을 사전에 막고, 만약 태어날 경우 그 증세를 완화하거나 치료할 수 있는 길을 모색하기 위함이다.

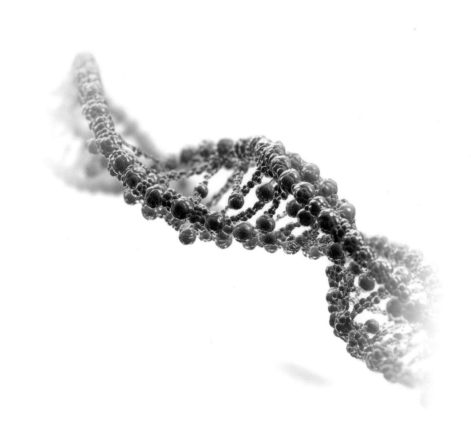

Chapter 09

생식 & 발생

◎ 학습 목표

1. 성세포인 정자와 난자를 만드는 신체 조직들을 살펴본다.

2. 여성과 남성의 구조적 차이를 비교하고, 정자와 난자의 발생을 요약해본다.

3. 성숙한 정자의 모습을 이해하고, 성호르몬들의 역할을 정리하며, 여성 생식주기에 대한 이해를 높인다.

4. 수정과 난할을 거쳐 신체 각 조직과 기관으로 분화되어 나가는 전 과정을 요약하도록 한다.

생식의 정의와 의미

인간의 가장 기본적인 욕구 중 하나는 생명이 태초에 어떻게 시작되었는지, 또 사람이 어떻게 만들어지고 태어나는지 그 기원과 과정을 밝히는 것이다. 사람의 시작을 제대로 설명하기 위해서는 생식과 발생에 대한 이해가 선행되어야 한다.

발생은 남성의 성세포인 정자 (sperm)와 여성의 성세포인 난자 (ovum)가 수정(fertilization)이 되어 하나의 접합자(zygote)를 형성함으로써 시작된다. 그리고 개체의 죽음과 함께 끝나는 일련의 연속적인 과정이다. 발생은 출생 이전과 출생 이후의 두 과정으로 나누어지는데 세포의 성장과 분열, 조직의 분화, 기관의 발달 및 개체 형성, 그리고 개체 성장과 노화가 자연스럽게 뒤따르게 된다. 발생에는 우리가 질병에 걸리거나 이것들이 치유되는 과정 등이 모두 포함된다.

현대 발생학의 목표는 우리 삶의 질을 향상시키는 것이다. 대표적인 예가 형질 전환 동물, 유전자 치료, 줄기세포를 이용한 난치병 치료 등이다.

유성생식 & 무성생식

생식 방법에는 암수 결합 없이 자기의 몸을 그대로 분열해 나가는 무성생식(asexual reproduction)과 암수 구별이 뚜렷한 유성생식(sexual reproduction)의 두 가지가 있다. 무성생식은 주로 세균이나 하등 식물에서 관찰되는 현상이며(그림 9-1), 진화된 동식물에서는 유성생식에 의한 발생이 이루어진다. 한 개체의 발생과정에서 가장 뚜

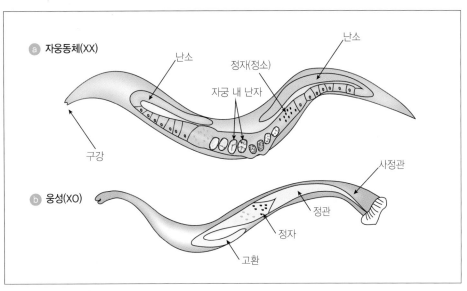

자웅동체(XX) a

난소

정자(정소)

자궁 내 난자

난소

구강

사정관

정관

웅성(XO) b

정자

고환

🧪 그림 9-1_ 자웅 동체의 예로서 C. elegans

렷하게 관찰되는 현상은 물론 생식과 성장이지만, 그 외에도 세포재생에 의한 상처 치료, 젖니와 영구치의 성장, 이차 성징의 발현 등 우리가 살아가면서 실행하는 모든 생명현상도 사실상 발생의 한 과정이다.

3 발생의 의미와 발생과정

인간을 비롯한 다세포 생물의 수명은 한정되어 있다. 그렇기 때문에 한 종(species)이 계속해서 존속하려면 생식을 통해 새로운 개체가 창조되고 성장하며 사망하는 일련의 과정이 되풀이되어야 한다. 즉, 발생을 통해서 지구상의 모든 생명체는 멸종되지 않고 그 존재를 유지할 수 있는 것이다.

한 개체의 발생과정에서 가장 뚜렷하게 관찰되는 현상은 물론 생식과 성장이지만, 그 외에도 세포재생에 의한 상처 치료, 젖니와 영구치의 성장, 이차성징의 발현 등 우리가 살아가면서 실행하는 모든 생명현상도 사실상 발생의 한 과정이다. 정자와 난자가 합쳐지는 과정이 수정이고, 수정란이 분열과 분화를 거쳐서 온전한 개체를 이루어 나가는 과정이 난할(cleavage)이다. 흔히 난할과 세포분열을 서로 혼동해서 사용하지만, 엄밀히 말해 이 두 용어는 분명한 차이가 있다. 세포분열은 핵과 세포질이 그 내용물이나 크기, 양적인 면에서 정확하게 두 개로 복제되는 것이지만, 난할은 핵과 그 내용물인 유전자는 복제되지만 세포질은 점점 분할되어 줄어드는 분열이기 때문이다. 난할의 결과로 나뉜 세포들을 할구(blastomere)라 부르며 분열을 거듭할수록 할구는 점점 더 작아져 마침내 성체를 이루는 세포의 크기로까지 줄어들게 된다. 사람의 난자가 작기는 해도 모래알만큼 크기 때문에 육안 관찰이 가능한 반면, 성인의 세포는 현미경으로 수백 배를 확대해야 관찰할 수 있다는 점을 상기하면 쉽게 이해가 될 것이다.

착각하기 쉬운 점은 난할이 정확하게 2의 배수(2^n)로 진행된다고 생각하는 것이다. 실제로는 할구마다 분열 속도가 다르기 때문에 3개, 5개, 7개와 같은 홀수 상태도 관찰이 된다. 수치상으로는 수정란이 40여 번 분열한 결과, 즉 2^{40}(약 100조)개의 세포로 구성된 개체가 바로 사람이다.

할구의 수가 12~16개(사람의 경우 수정 후 약 3일)에 도달했을 때를 상실배(morula)라고 부른다. 계속해서 수정 후 4일 정도가 되면 포배(blastula)가 된다. 포배기는 할구가 40~50개 정도에 도달한 시기로서 내부에 액이 들어차면서 점차 포낭(blastocyst cavity)을 형성한다. 이때에 다다르면 세포들은 외배엽(ectoderm)과 내배엽(endoderm)의 2개 층으로 나누어지는데 이를 이층배자반(bilaminar embryonic disc)이라 한다. 난할이 거듭되면서 할구의 수가 계속 늘어나고, 중배엽이 형성되면서 삼층배자반(trilaminar embryonic disc)이 만들어지고, 본격적인 분화(differentiation)가 시작된다.

일단 분화가 시작되면 세포분열이 조금씩 느려지면서 세포들의 위치가 재배열되게 된다. 예를 들어 생식세포는 발생 중인 배아의 꼬리 쪽에서 만들어지기 때문에 나중에 생식기가 완성되면 그리로 찾아 들어가기 위해 장거리 이동을 해야 한다. 이렇게 세포들의 이동이 시작되는 때를 장배형성기(gastrulation)라 부른다. 계속해서 기관형성기(organogenesis)를 거치면서 외배엽으로부터 상피조직과 신경계가, 중배엽으로부터 뼈, 근육, 힘줄, 혈구 등 다양한 결합조직 및 심장, 신장, 생식선 등의 기관들이, 그리고 내배엽으로부터 간, 췌장 등의 부속 기관들이 만들어지게 된다.

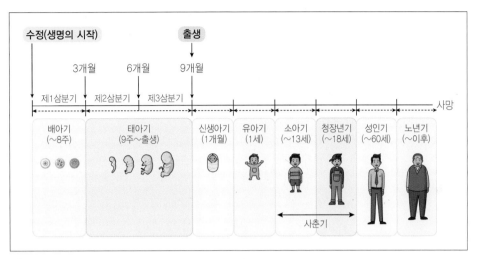

그림 9-2_ 사람의 발생

　우리 몸에서 제일 먼저 만들어지는 것은 뇌(brain)와 척추(spinal cord) 등의 신경계이다. 사람의 뇌는 비록 제일 먼저 만들어지기 시작하지만 그 기능적 완성은 16세가 되어야 완성된다. 모든 조직이 만들어지면 이제 온전한 개체가 탄생할 수 있다.

　성체가 일정한 기간 성장하게 되면 생식능력을 갖추게 되는데 이때를 생식세포형성기(gametogenesis)라 부른다. 생식능력을 갖춘다는 것은 출생 후에 나타나는 가장 큰 발생학적 변화인 동시에 차세대를 위한 필수 조건이기도 하다. 생식세포인 정자와 난자가 만들어지면 처음부터 다시 수정이 이루어지게 되고 발생의 전 과정이 순환적으로 되풀이되면서 종의 연속성이 이루어지게 된다.

① 발생에 영향을 미치는 요인

　발생은 크게 두 가지 요소에 의해 영향을 받는다. 유전프로그램과 환경적 영향이 바로 그것이다. 유전프로그램은 내적인 요소로서 신체의 어느 부분이, 언제, 어떻게 만들어질지에 대한 명령이다. 그리고 이 명령은 한 세대에서 다음 세대로 전해지면서 그 종(species)의 특성을 유지할 수 있게 해준다.

　유전프로그램이 정확해야 조직과 기관들이 정상적으로 발생할 수 있다는 것은 두 말할 필요도 없다. 환경적 영향은 외적인 요소이다. 약물이나 발암 물질, 공해 등 환경적 요인으로 인해 유전자에 돌연변이가 일어나게 되면 잘못된 명령이 내려질 것이고 이 때문에 기형적 발생이 이루어지게 된다. 유전자가 올바른 지시를 내리더라도 환경이 이를 뒷받침하지 못하면(예를 들어 영양 부족이 생긴다면) 역시 정상적인 발생이 이루어지지 못할 것이다. 그 때문에 유전과 환경, 이 두 요소는 어느 것이 먼저라고 할 것 없이 대단히 중요한 특성들이다. 이런 의미에서 우리는 유전과 환경을 발생의 2대 필수 요소라 부르고, 상호 보완적인 관계에 있다고 말한다.

4 생식기관의 분류

생식기는 생식세포를 만들어내고 저장하며 운반하거나 영양 물질을 공급하면서 정상적인 수정과 착상, 발생이 가능하도록 도와주는 특수화된 기관이다. 비록 남성과 여성이 세부 구조적 차이가 있기는 하지만 전체적으로 생식기는 다음과 같이 기능적으로 나눠 볼 수 있다.

성선(genital gland)은 생식세포를 만들어 내는 곳이다. 남성은 고환(testes)이, 여성은 난소(ovary)가 이에 해당한다.

생식관(genital duct)은 성선에서 만들어진 생식세포를 이동시키는 관이다. 이동의 주목적은 배우자의 생식세포를 만나는 것이지만 동시에 수정을 위해 필요한 정자의 운동력과 수정력을 부여하기 위한 것이다. 여성의 생식관은 수정란이 착상(implantation)하는 곳이기도 하다. 남성의 부고환(epididymis)과 정관(vas deferens), 요도(urethra)와 여성의 난관(oviduct), 자궁(uterus)이 여기에 해당한다. 사람은 다른 동물이나 조류와 구별하여 난관을 자궁관(uterine tube)이라 부르기도 한다.

부생식선은 생식과정을 돕는 각종 분비물들을 만들어 내는 분비선들이다. 남성의 정낭(seminal vesicle), 전립선(prostate), 요도구선(bulbourethral gland)이 이에 해당한다. 부생식선의 분비물은 영양분을 공급하고 생식세포의 원활한 이동과 생명력을 부여하기 위한 것이다.

외생식기는 외견상 남녀의 차이를 뚜렷하게 만들어주는 것으로 남녀 간에 생식세포를 운반할 수 있도록 하는 교접기관으로 사용된다. 여성은 비뇨기와 생식기가 완전히 분리되어 있는 반면 남성의 경우에는 비뇨와 생식이 동일한 외생식기, 즉 요도를 통해 이루어진다.

 5 **남성의 생식기관**

① 고 환

고환(testes)은 주름진 음낭(scrotum) 속에 들어 있으며 체외에 위치하고 있다.(그림 9-4) 작은 계란 모양이며 무게는 10g 정도이다. 고환이 체외에 위치한 이유는 정자 형성을 위한 최적 조건이 통상 체온보다 낮은 35℃ 전후이기 때문이다. 고환의 내부

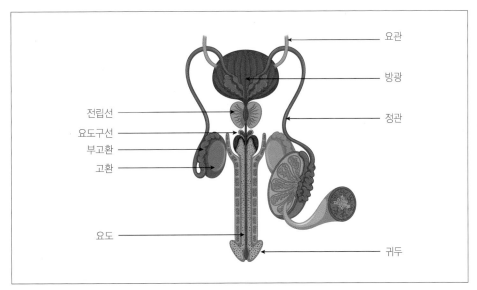

🧪 그림 9-3_ 남성 생식기의 구조

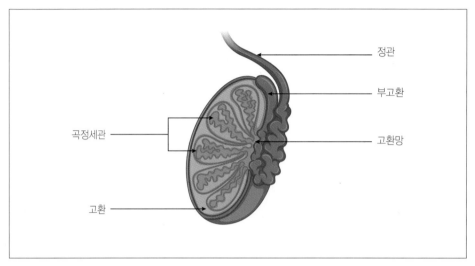

🧪 그림 9-4_ 고환의 구조

를 약 250개의 소엽(lobule)으로 나누는데, 각각의 소엽 내에는 꼬불꼬불한 곡정세관 (convoluted seminiferous tubule)이 들어 있다. 이 곡정세관에서 정자(sperm)와 남성호르몬인 테스토스테론(testosterone)이 만들어진다. 음낭은 고환을 보호하는 동시에 고환에서의 정자 생산을 위한 온도를 적절하게 조절해주는 기능을 한다.

② 곡정세관

곡정세관은 전체를 펴면 1.6km에 달할 정도로 길고 가느다란 튜브이다.(그림 9-5) 이 세정관 내에서 매일 수천만 개의 정자가 생산되고 있다. 곡정세관의 안쪽은 지주세포(Sertoli cell)들이 마치 손에 손을 맞잡듯 결합하여 빙 둘러 위치해 있다. 지주세포는 발생하는 성세포들에 영양을 공급하고 보호해주는 세포이다. 이런 역할 때문에 지주세포를 간호세포 또는 영양세포라고도 부른다.

지주세포들은 강한 연접 결합을 하고 있기 때문에 독성물질이 곡정세관 안으로 들어갈 수 없다. 이 특수한 보호 구조를 혈고환막(blood-testes barrier)이라고 부른다. 남성이 감기에 걸리거나 알코올 등 약물에 노출되어도 곡정세관의 내부는 안전한데, 중요한 생식세포인 정자가 보호를 받을 수 있는 이유가 이것이다.

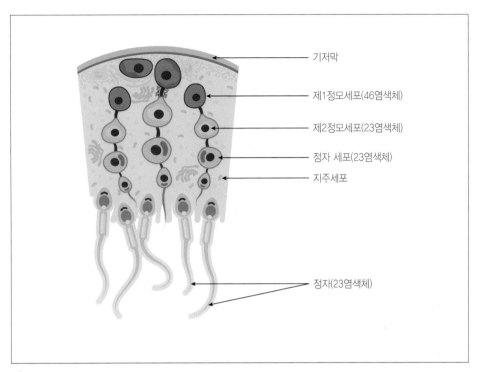

기저막

제1정모세포(46염색체)

제2정모세포(23염색체)

정자 세포(23염색체)

지주세포

정자(23염색체)

🧪 그림 9-5_ 곡정세관과 간질 세포

곡정세관의 중앙에 가까울수록 더 분화가 진행된 정자의 모습을 갖추게 된다. 고환에서 정자가 성장하는 데 걸리는 시간은 약 64일이다. 곡정세관의 사이사이마다 레이디히 세포(Leydig cell)가 있어서 남성 호르몬인 테스토스테론(testosterone)이 분비된다.

6 여성의 생식기관

여성 생식기는 난자를 만들어내는 것 외에도 정자와 난자가 온전하게 만나 수정할 수 있도록 장소를 제공해 준다.(그림 9-6) 또한 수정란이 자궁에 착상되면 임신 전체 기간을 통해 충분한 영양을 공급해 주고, 자라나는 태아를 보호해서 원활한 임신이

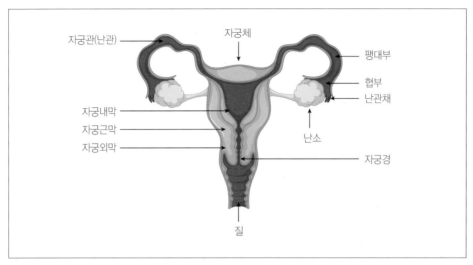

⚗️ 그림 9-6_ 여성 생식기의 구조

이루어지도록 잘 유지시켜 주는 역할을 담당한다. 출생 후 신생아에게 수유를 통한 영양 공급도 여성의 역할이다. 여성 생식기는 기능별로 다음과 같이 분류할 수 있다.

① 난 소

난소(ovary)는 복강벽 좌우 골반 근처에 하나씩 위치한다.(그림 9-7) 난소는 크기가 약 3.5×2㎝이고 무게는 3~5g 정도이다. 난소의 내부는 피질과 수질로 나뉘는데, 피질에는 다양한 발달 시기에 있는 난포들이 묻혀 있고 수질에는 혈관이 잘 분포되어 있다. 각각의 난자는 난포 속에 포장되어 들어 있다. 난포는 여러 가지 스테로이드 호르몬을 분비하여 여성의 이차 성징 및 생식기의 주기적 변화를 조절해준다. 사춘기 이후의 여성 난소를 들여다보면 다양한 발달 시기의 난포들이 관찰되는데, 이를 기준으로 여성의 생물학적 나이를 계산할 수 있다.

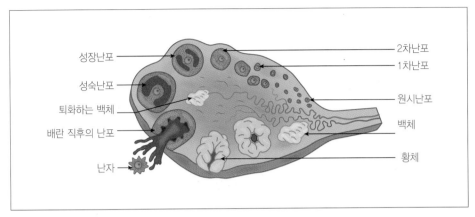

🔬 그림 9-7_ 난소의 구조

② 자궁관과 자궁

  생식관은 배란된 난자를 보호하고 운반하며 정자와의 수정을 돕는 곳이다. 여성의
생식관은 난관(oviducts) 또는 자궁관(uterine tube)이라 부르는 관과 자궁(uterus), 그
리고 질(vagina)로 구성되어 있다.(그림 9-8) 난관은 4개 부분으로 나누어지는데 가장
끝부분이 난관채(fimbria)로서 혈관 분포가 잘 되어 있고 총채 모양이라서 배란된 난
자를 즉시 받아들이는 구조이다.

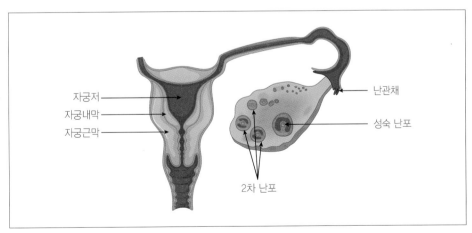

🔬 그림 9-8_ 자궁과 자궁관

난관채는 수시로 난소 표면을 훑고 있다가 난자가 배란되면 이를 즉각 흡입하듯이 난관 안으로 빨아들인다. 난관채의 활발한 움직임은 여성호르몬인 에스트로겐(estrogen)에 의해 좌우되기 때문에 에스토로겐의 분비를 억제하는 여성의 스트레스는 정상적인 임신을 방해하는 요인이 될 수가 있다. 난관의 조금 안쪽을 팽대부(ampulla)라 부른다. 이곳은 정자와 난자의 수정이 일어나는 장소이다. 팽대부 이외의 장소에서 수정이 일어나면 자궁 외 임신이 될 가능성이 높다. 협부(isthmus)는 그보다 더 안

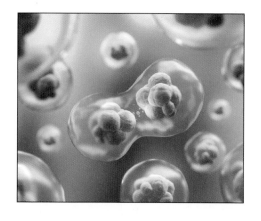

쪽으로 직경이 작고 팽대부보다 근육질의 벽이 두꺼운 부분이다. 자궁부(pars interstitialis)는 난관이 자궁과 이어지는 부분으로 실제로 자궁의 한 부분이다. 난관은 연동 운동에 의해 난자를 자궁 쪽으로 밀어 이동시킨다.

자궁(uterus)은 서양배 모양으로 생겼으며 가장 넓은 부위가 약 10cm 정도이다. 수정란이 착상하는 자궁저와 자궁의 몸체인 자궁체, 그리고 점액이 있어서 정자를 저장하는 자궁의 입구, 즉 자궁경으로 이루어져 있다. 실제로 수정란이 착상하는 부위는 자궁저의 후벽 정중앙이다. 자궁의 벽은 자궁내막(endometrium), 자궁근층(myometrium), 외막(perimetrium)의 3개 층으로 되어 있다. 자궁내막은 수정된 접합자가 착상하는 곳이다. 이곳에는 혈관이 풍부하게 분포되어 있는데, 월경 주기에 의해 주기적으로 두껍게 증식했다가 매 28일 주기로 떨어져 나가는 부분이다. 이렇게 내막이 혈액과 함께 떨어져 나가는 것이 월경혈이다. 자궁내막은 나중에 태반(placenta)의 일부가 된다.

자궁내막을 조금 더 자세히 살펴보면 가장 바깥쪽은 얇은 상피층이 덮고 있고, 그 아래에 기능층(functional layer)과 기저층(basal layer)의 두 개 층이 자리잡고 있다.(그림 9-9) 기능층은 월경 시 떨어져 나오는 부분이고 기저층은 월경 시에도 그대로 보존되는 부분이다. 기능층이 주기적으로 떨어져 나가면 기저층에서 다시 세포분열이 일어나 기능층을 재생시켜 준다. 자궁내막은 가장 얇아질 때 약 0.5mm 정도이고,

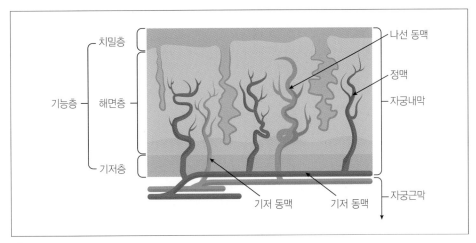

🧪 그림 9-9_ 자궁내막의 구조

기능층이 회복되면 2~3배 정도까지 두꺼워진다. 기능층은 다시 치밀층과 해면층으로 나눌 수 있다. 내막에는 동맥과 정맥이 들어 있는데, 이들 역시 주기적으로 함께 떨어져 나갔다가 재생되곤 한다. 특히 동맥은 표면적을 넓혀 더 많은 영양분을 공급하기 위해 나선 모양으로 휘어져 있는데, 이를 나선동맥(spiral artery)이라고 한다. 내막에는 또한 분비선이 많이 분포되어 있는데, 여기에서 분비되는 액체를 자궁유상액이라고 한다. 자궁유상액은 글리코겐이 풍부하여 착상되기 전 수정란에 영양물질을 공급하는 동시에 자궁 안쪽을 촉촉이 젖게 해준다.

자궁근층은 두꺼운 평활근으로서 출산 시 강하게 수축하여 아기가 빠져나오는 것을 돕는 근육층이다. 가장 바깥쪽에 있는 자궁 외막은 자궁 전체를 보호하고 있다.

③ 부생식선과 외생식기

질(vagina)은 교접 기관인 동시에 아기가 출생할 때 산도로 작용한다. 남성과 달리 여성의 부생식선은 뚜렷하지 않다. 남성에게서는 찾아볼 수 없는 특수 기관인 태반 (placenta)과 유선이 여성에게 있다. 태반은 임신 중에만 발생했다가 출산과 동시에 사라지는 구조이고, 유선은 출생 후 아기를 보호하고 영양을 공급하기 위한 수유 기관이다.

 생식세포의 발생

① 정자발생

정자발생(spermatogenesis)은 3개 단계로 나누어진다.(그림 9-10) 첫 번째는 그 숫자를 늘리는 체세포분열(mitosis) 단계이다. 남성에게서 정자의 수는 대단히 중요하며 또한 수많은 정자를 만들어내도 절대로 고갈되지 않을 장치를 마련하는 것 또한 필요하다. 두 번째는 감수분열(meiosis) 단계이다. 염색체의 수를 절반으로 줄여 난자와 수정을 할 준비를 해야 하기 때문이다. 세 번째는 형태변화를 수반하는 정자완성과정(spermiogenesis)이다. 정자가 난자를 찾아길을 떠나려면 스스로 운동하기 위한 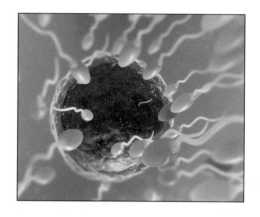 꼬리가 필요하다. 또한 핵이 들어 있는 머리도 유선형으로 변해야 하고 너무 커도 이동에 방해가 되기 때문에 최대한 응축시킬 필요가 있다.

이렇게 3개 단계를 거치며 고환에서 정자가 완성되는 데에 걸리는 시간은 약 64일이다. 그러나 정자 발생이 완성되더라도 아직 어린 정자는 부고환으로 이동되어 20여 일을 더 머물러야만 비로소 운동력과 수정력을 획득하게 된다.

완전히 성숙한 정자일지라도 난자에 비해 크기가 약 1/85,000 정도밖에 되지 않는다. 사람의 정자는 머리가 원형이며 머리(head)와 꼬리(tail), 그리고 이 두 부분 사이의 목(neck)으로 나뉜다.(그림 9-11) 머리는 유전물질인 염색체를 싣고 있고, 꼬리는 파상 운동으로 정자가 앞으로 전진할 수 있게 한다. 꼬리의 앞부분을 둘러싼 미토콘드리아는 에너지를 공급해준다. 미토콘드리아가 위치한 꼬리 앞부분을 축세사(axial filament)라 하는데 이는 정자가 앞으로만 이동할 수 있도록 방향을 잡아주는 역할도 한다. 미토콘드리아는 운동을 위한 에너지인 ATP를 생산해내고, 꼬리에 위치한 다

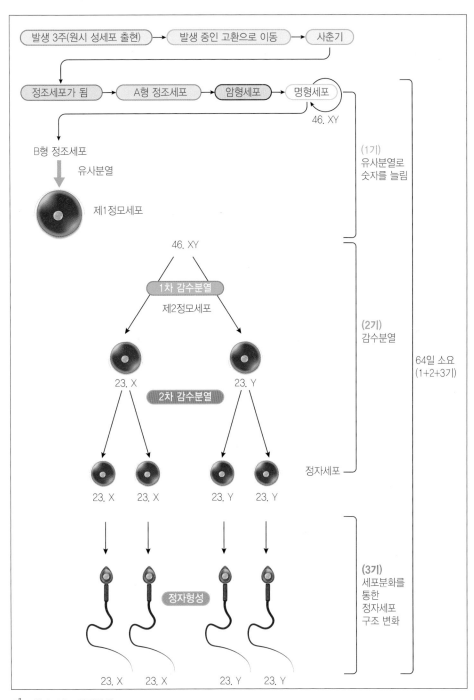

🧪 그림 9-10_ 정자발생

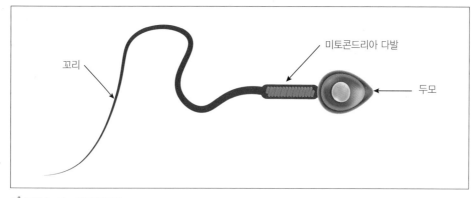

🧪 그림 9-11_ 정자의 구조

이닌(dynein) 효소가 이를 ADP와 인(phosphate)으로 분해하면서 배출되는 에너지를 꼬리에 공급해준다.

② 난자발생

난자발생(oogenesis)에서 생각할 점은 난포(follicle)의 발달과 배란이다.(그림9-12) 정자와 달리 개개의 난자는 난포라는 주머니 속에서 발달하게 되기 때문이다. 간혹 하나의 난포에 두 개의 난자가 잘못 들어가는 경우를 보는데, 이런 난자들은 동시에 배란되어 각각 수정될 수 있기 때문에 이란성 쌍생아의 원인이 된다.

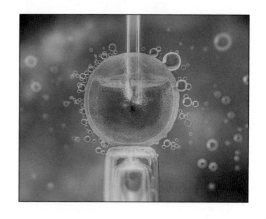

여성은 100만 개 정도의 난자를 가지고 태어나지만 사춘기에 이르면 이 중 4만여 개만이 남게 된다. 난자들은 감수분열을 잠시 멈추고 잠자듯이 배란을 기다리게 된다. 사춘기에 이르면 매 28일 주기로 배란(ovulation)이 시작된다.

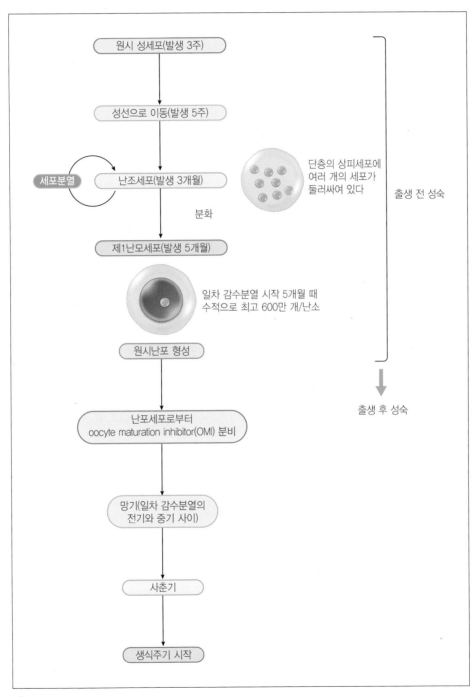

🧪 그림 9-12_ 난자발생

③ 여성의 생식주기

남성은 사춘기 이후에 비로소 정자를 만들기 시작하며 일정한 주기 없이 항상 사정(ejaculation)할 준비를 갖추고 있다. 그러나 여성은 사춘기 이후 정기적으로 배란을 하고 또 배란된 난자를 착상하기 위한 생식주기(reproductive cycle)가 시작된다.(그림 9-13) 여성의 생식주기는 대체로 12~13세에 시작하여 약 35년간 지속되다가 폐경기(menopause)를 맞으면서 멈추게 된다. 생식주기는 난소와 자궁의 기능이 호르몬에 의해 조화롭게 조절되는 아주 정교한 생화학적 반응이다. 생식주기는 보통의 건강한 여성에서 약 28일 주기로 이루어진다.

사춘기가 되면 뇌에서 두 가지 호르몬이 분비되기 시작한다. 뇌하수체 전엽에서 분비되는 난포자극호르몬(FSH, follicular stimulating hormone)이 그 첫 번째 신호탄이다. FSH는 뇌에서 분비되어 혈액을 타고 난소로 전해져 난포들을 자극해 성장시키는 호르몬이다. FSH의 영향으로 매달 약 50여 개의 난포가 성장하기 시작하는데 이때 난포들에서 에스트로겐 호르몬이 대량으로 만들어진다. 사춘기 이후 여성의 유방이 발달하고 피하지방이 축적되는 등 이차 성징이 뚜렷해지는 이유가 바로 이 에스토로겐 때문이다.

난포는 계속 발달하며, 배란 하루 전인 약 13일째에 이르면 뇌하수체 전엽에서 또 다른 호르몬인 배란촉진호르몬(LH, leuteinizing hormone)을 분비해준다. LH는 배란을 촉진하는 동시에 배란 직후 붕괴된 난포를 황체(corpus luteum)로 변화시켜 주는 호르몬이다. 배란은 1~2초 정도 걸리는데 배란된 난자는 투명대와 방사관 세포(corona radiata)로 둘러싸여 나온다. 배란이 끝난 난포에는 임신 호르몬인 프로게스테론(progesterone)이 가득 들어차는데 그 색깔이 노란색이기 때문에 난포 전체가 황체로 보이게 된다.

에스트로겐의 역할이 세포분열과 조직수축인 반면 프로게스테론은 조직을 안정시키는 역할을 한다. 난소에서 분비된 에스트로겐은 자궁내막을 증식시켜서 수정란이 착상할 수 있도록 준비시켜 준다. 임신이 이루어지면 자궁내막은 프로게스테론에 의해 이후 안정적으로 유지되지만 임신에 실패했을 경우 약 2주 후에 자동적으로 떨어져 나가면서 월경이 시작된다. 황체는 수정(임신)되지 않으면 백체(albino)로 퇴화되게 된다.

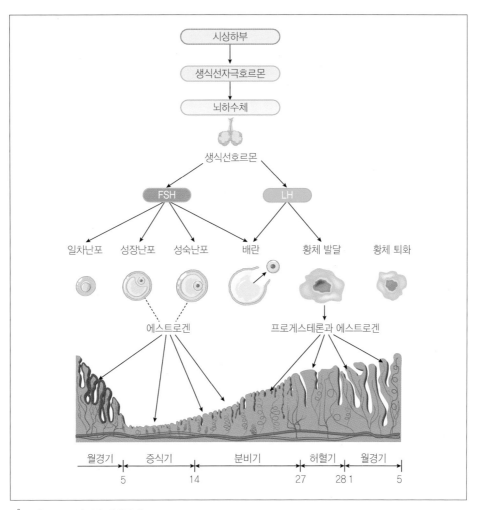

🧪 그림 9-13_ 여성의 생식주기

8 수 정

수정이 일어나는 곳은 난관 중 가장 길고도 넓은 팽대부(ampulla)이다. 만일 수정이 되지 않으면 난자는 자궁으로 천천히 이동해서 24시간 이내에 퇴화되어 버린다. 보통은 난자와 정자는 12시간 이내에 수정이 된다. 정자는 난자에 접근하면서 끊임

없이 난관 벽에 머리를 부딪히게 되는데 이때부터 조금씩 첨체를 둘러싼 막이 벗겨지면서 효소들이 방출될 준비를 한다.

정자가 뚫어야 할 두 가지 장벽은 난자를 둘러싼 방사관 세포들과 난자의 세포막이다.(그림 9-14) 정자는 첨체로부터 히알루니다아제(hyaluronidase)와 같은 효소를 계속 방출하면서 방사관에 붙어 있는 과립성의 난포 세포들을 제거하는 동시에 꼬리의 추진력으로 방사관을 통과한다. 이때 첨체로부터 방출되는 또 다른 효소들은 아크로신(acrosin)과 뉴라미니다아제(neuraminidase)이다. 일단 첫 번째 정자가 투명대를 통과하면 투명대 반응(zona reaction)이 일어나서 다른 정자들은 통과할 수 없게 된다. 투명대를 통과하는 정자는 때때로 여러 마리일 수도 있지만 보통 하나의 정자만이 수정을 시키는 것이 가능하다.

수정이 되면 난자는 곧 감수분열을 완성하여 성숙한 난자(성숙란)가 된다. 이제 난자의 핵과 정자의 핵이 마치 빵처럼 부풀어 올라 각각 자성 전핵과 웅성 전핵이 된

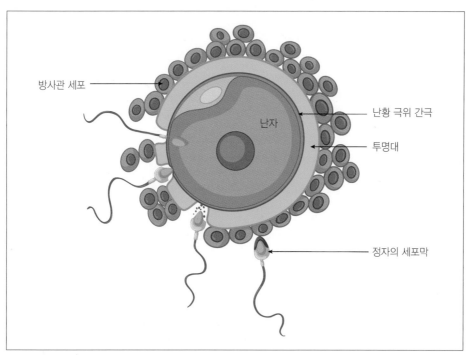

방사관 세포

난자

난황 극위 간극

투명대

정자의 세포막

🧪 그림 9-14_ 방사관 세포

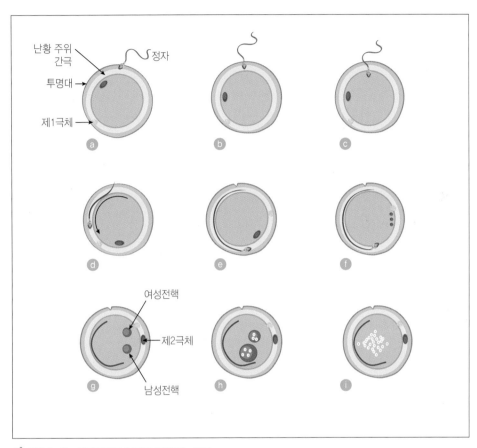

🔬 그림 9-15_ 단계적으로 난자로 들어가는 정자

다. 계속해서 이 두 개의 전핵이 난자의 중앙에서 합쳐지게 되고 그럼으로써 염색체
가 수적으로 회복된 온전한 세포, 즉 접합자(zygote)가 만들어진다.(그림 9-15) 수정은
배란 직후 24시간 내에 완성된다. 정자의 미토콘드리아는 에너지를 공급하는 중요
한 세포소기관이지만 막상 수정이 일어나면 모두 사라지고 난자 안에는 여성의 미
토콘드리아만 남게 된다. 즉 자손에게 전달되는 미토콘드리아는 모두 어머니로부터
전해져 온 모계 유전의 결과인 것이다.

두 마리 이상의 정자가 동시에 난자를 수정시키는 다정현상(polyspermy)이 간혹
발견되기도 하지만 이 경우 염색체의 수가 맞지 않아 퇴화되어 버린다. 다정 현상은
여성이 자신도 모르게 자연 유산하는 원인으로 가장 흔한 것이다.

9 난할과 배아기

발생 1일은 수정에 의해 접합자가 만들어지는 시기이고, 2~3일 동안 난할이 진행되면서 상실기에 다다른다. 상실기에는 세포 수가 약 12~16개에 달한다. 발생 4~5일에는 포낭 상태이다. 포낭은 곧 착상(implantation)되어 2주 말까지 진행된다

배아기(embryonic stage)는 발생 3~8주에 해당하는 시기이다. 배아기의 뚜렷한 특징은 주요 내장 기관과 신체 각부의 기초가 완성된다는 것이다. 그렇기 때문에 약물에 접촉되면 선천성 기형이 발생할 빈도가 높은 시기이기도 하다. 내부 세포들은 발생 3주 때 외배엽, 중배엽, 내배엽의 3개 층으로 정렬된다. 중배엽은 외배엽에서 유래한다.

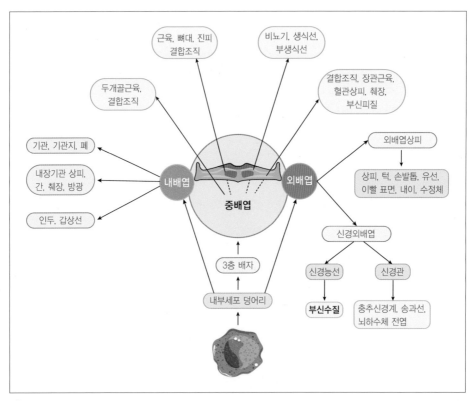

🧪 그림 9-16_ 배엽별 발생

외배엽에서는 주로 신경계통, 피부, 털, 손톱과 발톱, 피부의 땀샘, 입과 내장기관의 안쪽을 덮는 상피층이 발달하고, 중배엽에서는 근육, 뼈, 골수, 혈액, 혈관, 결합조직, 내부 생식기관, 신장 등이 발달한다. 내배엽에서는 소화기관을 덮는 장간막과 호흡계, 방광, 요도 등이 형성된다.(그림 9-16)

발생 4주에 다다르면 제대가 발달하고 원시적인 모습의 머리와 턱이 나타난다. 심장은 박동을 시작하여 혈액순환이 일어난다. 식도, 위, 간 및 췌장 등 조직들도 발달하게 된다. 팔과 다리가 될 작은 원시적인 싹이 각 해당 부위에서 나타나기 시작한다.

발생 5~7주 사이에는 머리의 성장 속도가 신체 다른 부위의 성장속도보다 유난히 빠르다. 따라서 머리가 몸의 거의 1/3 정도에 해당할 정도로까지 크게 된다. 머리 모양은 점차 둥글어지며, 곧추서게 된다. 얼굴에는 눈, 코, 입이 나타나서 차차 사람의 형상을 갖추게 되고, 팔과 다리가 길어지며, 손가락과 발가락도 발달한다. 망막에는 색소가 나타나기 때문에 눈이 분명해진다. 7주 말까지는 주요한 내장기관이 모두 만들어지고 거의 온전한 사람의 형상을 이루게 된다.

태아기는 8주 말에 완성된다. 배아는 자궁벽에 단단히 착상된다. 8주 말에 배아는 길이가 30㎜ 정도이며 무게는 5g 이하이다. 성의 구별 또한 가능하다.

10 태아기

발생 9주부터 출생까지를 태아기(fetal stage)라 부른다. 태아기에서는 1개월을 4주, 즉 28일을 기준으로 한다. 태아기 때는 더 이상의 분화가 일어나지 않는 대신 배아기에 형성된 기본 조직들이 성장하고 성숙되어 출생 준비를 마치는 기간이다. 따라서 선천성 기형의 위험성은 상대적으로 낮다.

3개월째 접어들면서 팔이 정상적인 비율로 자라나는데, 이 비율은 이후 계속 유지된다. 신체 전반에 걸쳐 뼈(bone)가 단단해지고 12주에 이르면 외부 생식기가 남녀로서 구별이 뚜렷해진다. 아직은 골수가 완전하지 않아서 간에서 조혈 작용이 주로 일어난다. 소변이 만들어지면서 양수로 배설된다. 3개월 말에는 미미하지만 입술을 건드리면 흡인반응이 나타난다. 4개월부터 다리가 점차 길어지며 뼈는 계속해서 단단해진다. 여성에게서는 난소의 분화가 시작된다. 5개월째에 근육운동이 활발해지기에 어머니가 태동을 느낄 수 있다.

태아의 심박동은 산모의 복부를 통해 들을 수 있다. 머리카락이 나타나고 피부에는 태모와 태지가 덮이게 된다. 피하지방에는 갈색 지방이 축적되어 출생 시 체온이 저하되는 것으로부터 몸을 보호할 준비를 한다. 6개월째에는 체중의 증가가 현저하고, 눈썹이 나타난다. 피부는 주름지고 아직 반투명하다. 폐포벽에는 계면활성제가 형성된다. 7개월에 다다르면 피부에 지방이 많이 축적되어 몸이 부드러워지고 태아는 눈을 뜨게 된다. 태아의 키는 약 37㎝ 정도이다. 이때까지는 간에서 조혈 작용을 해왔지만 7개월째부터 골수가 이 기능을 떠맡게 된다. 동공반사 또한 나타나며 손톱도 손가락 끝에 도달해 있다. 7개월은 대단히 중요한 시기이다. 왜냐하면 모든 장기와 신체 조직의 기능이 완성되는 시기이기 때문이다.

8개월째에 남자아기의 고환은 자기 위치로 이동해 음낭 속에 자리잡는다. 9개월이 되면 태아의 키는 거의 47㎝ 정도로 크며, 피부도 피하지방이 쌓여 부드러워진다. 태아의 몸은 전체적으로 오동통해진다. 이제 피부가 불투명하므로 분홍색으로 나타나게 된다. 만삭 시 아기의 키는 약 50㎝이고, 몸무게는 2.7~3.6㎏ 정도이다. 피부는 태지와 죽은 상피세포로 덮여 있고 머리털과 손톱, 발톱 역시 잘 자라 있다. 두개골 역시 뼈가 잘 자라 있고 머리가 점차 자궁경(cervix)을 향해 거꾸로 자리잡게 된다.

11 출산

아기는 자신이 세상에서 나와야 하는 때를 누구보다도 잘 알고 있다. 아기 머리가 질 입구에 보이기 시작하면 출산을 위해 힘을 주어 수축을 시작할 때이다. 아기의 머리가 일단 나오기 시작하면 이때부터는 머리를 손으로 받치면서 받아낸다. 간혹 탯줄이 아기의 목을 감고 있을 수 있는데 신속하게 풀어주어 기도가 막히지 않도록 해야 한다. 분만이 완전히 끝나서 아기가 나오면 아기를 조금 거꾸로 들어 입과 코에 들어 있는 액체들이 모조리 흘러나오도록 조치해 준다. 아기를 빨리 담요로 싸서 체온이 보호되도록 한다.

① 탯줄과 태반

아기가 태어날 때 함께 나오는 것이 탯줄이다. 병원에서는 보통 탯줄 윗부분의 적당한 두 군데를 집게로 집어서 표시한 다음 그 사이를 자른다. 출산 직후에는 탯줄에도 다소의 떨림이 이어지고 있기 때문에 이것이 멈출 때까지 기다릴 필요가 있다. 이 떨림은 일종의 태아의 심장박동 같은 것이다. 떨림이 계속되는 한 탯줄을 미리 자를 필요도 없고 또 그렇다고 무한정 오래 놓아둘 이유도 없다. 다만 탯줄을 일찍 잘라주면 그만큼 아기의 호흡기와 순환기가 빨리 적응하게 된다. 한 가지 기억할 것은 탯줄을 너무 짧게 자르면 안 된다는 것이다. 탯줄 속에는 아기의 내장이 들어와 있을 수 있기 때문이다. 따라서 최소 10cm 이상은 배꼽에서부터 여유를 두고 잘라주어야 한다. 탯줄을 자르고 나면 잠시 후 태반이 이어서 나오게 된다. 태반 역시 의사가 따로 검사할 필요가 있다. 태반은 아기에게 영양분을 공급하고 노폐물을 배설하는 등 아기의 위와 소화기, 폐, 장의 역할을 10개월간 맡아서 했던 기관이기 때문에 건강한 태반은 건강한 아기의 증명이기 때문이다.

Chapter 10

순화 & 물길대사

◎ 학습 목표

1. 소화의 의미를 알아본다.

2. 소화기관과 소화효소를 살펴본다.

3. 각 영양소의 소화 과정을 요약해본다.

4. 세포호흡의 의미를 알아본다.

5. 포도당 대사의 단계별 과정을 요약해본다.

1 소 화

1 소화의 개요

생명체는 생명 활동을 하기 위해 에너지를 필요로 한다. 동물의 경우 에너지를 만들어내기 위해서는 산소와 영양소를 필요로 하는데, 이때 영양소는 음식물을 섭취함으로써 얻게 된다. 음식물로 섭취한 영양소는 일부를 제외하고는 고분자의 형태를 가지기 때문에 직접적으로 세포막을 통과하여 세포가 필요로 하는 에너지원으로 사용할 수 없다. 따라서 고분자의 영양소를 세포막을 통과할 수 있는 크기로 가수분해해야 하는데 이러한 과정이 바로 소화이다. 다당류, 단백질, 지방 등은 일련의 소화 과정을 통하여 세포막을 통과할 수 있는 크기인 포도당과 같은 단당류, 다양한 아미노산, 지방산과 글리세롤 등으로 분해가 되고, 혈액과 함께 이동하면서 세포로 운반된다.

2 소화기관

소화(digestion)는 입에서 시작하여 대장까지 이르는 매우 긴 소화관에서 일어난다. 섭취한 음식물들은 순서대로 소화관을 통해 이동하게 되고 이 과정에서 일어나는 소화 과정을 통해 고분자들이 단량체로 가수분해된다. 소화된 단량체들은 소화관 벽의 혈관으로 이동하여 인체의 세포들로 적절히 이동된다. 소화관은 근육과 혈관에 의해 잘 둘러싸여 있기에 음식물을 일정한 방향으로 이동시킬 수 있는데, 이러한 소화관의 근육 운동을 연동운동(peristalsis)이라 한다.

소화관에는 부속 기관이 붙어 있는데, 대표적인 것이 간(liver)과 췌장(pancreas)이다. 간과 췌장은 각각 위의 오른쪽과 왼쪽에 위치하여 소화효소를 분비하는데, 효소의 분비는 소화관에서 만드는 호르몬에 의해 조절된다. 소화관에는 또한 면역세포가 많이 분포되어 있어서 음식물에 들어 있는 각종 세균으로부터 소화관을 보호하고 있다. 소화관에는 신경조직 또한 잘 분포되어 있는데, 이는 소화 운동의 전체적인 통합 조절을 위해서이다.

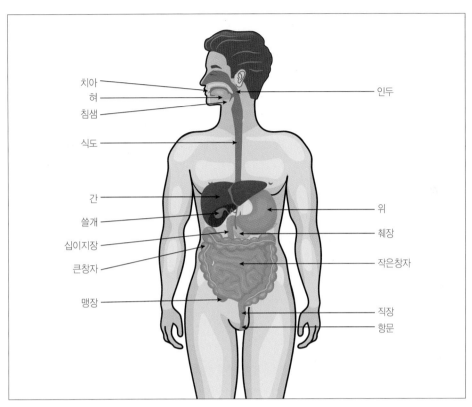

그림 10-1_ 소화관의 구조

(1) 입

소화작용의 첫 장소인 입(mouth)은 물리적으로 음식물을 잘게 부수는 기계적 소화(mechanical digestion)를 담당한다. 치아를 통한 물리적 소화는 음식물의 표면적이 넓어지도록 하여, 이후 소화효소로 분해하는 화학적 소화(chemical digestion)가 더욱 효율적이고 신속히 진행되도록 한다.

입에서는 3쌍의 큰침샘(귀밑샘, 혀밑샘, 턱밑샘)에서 분비하는 소화효소에 의해 전분이 일부 소화되는 화학적 소화도 일어난다. 또한 음식물 분자가 반드시 침의 물 성분에 녹아 있어서 맛을 보는 것이 가능하도록 한다. 입안에서 소화된 음식물은 식도를 통과하여 위까지 내려간다. 식도는 근육이 잘 발달되어 있어서 연동운동이 잘 되는데, 사람의 경우 약 25cm 정도의 길이를 가진다.

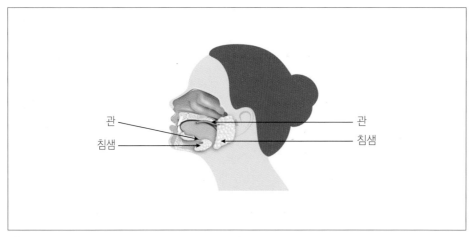

🔬 그림 10-2_ 침샘

(2) 위

소화관의 일부가 부풀어 오른 형태인 위(stomach)는 구조적으로 음식물을 저장하기에 적합한데, 약 4리터 정도의 음식물을 저장할 수 있다. 위에서는 하루에 2~3리터 정도의 염산이 분비되기 때문에 음식물에 들어 있는 병원성 세균들이 일차적으로 제거된다. 또한 염산은 고기나 뼈 등과 같은 단단한 구조의 음식물을 부드럽게 만들어주며, 단백질의 3, 4차원적 구조를 풀어버려서 단백질의 소화를 도와준다. 이러한 염산에 의해 분해되지 않도록 위벽은 보호되기는 하지만, 불규칙한 식사 등으로 인하여 보호가 이루어지지 못하게 되면 궤양에 걸리게 된다.

(3) 소 장

위와 연결된 부분으로 그 길이가 2미터 정도 되는 소장(small intestine)은 대부분의 중합체들이 소화, 흡수되는 중요한 소화기관이다. 물, 무기염류, 비타민도 모두 소장에서 흡수된다. 소장의 벽에는 융모(villus)라 부르는 작은 돌기들이 무수히 있어 소장의 표면적을 넓혀 주게 되고 그만큼 음식물에 대한 흡수력을 증가시킨다.

소장의 앞부분을 십이지장(duodenum)이라 부른다. 위를 지나와서 십이지장을 통과하는 음식물은 위의 염산과 섞여 있어서 강한 산성을 가지므로 소장을 보호하기

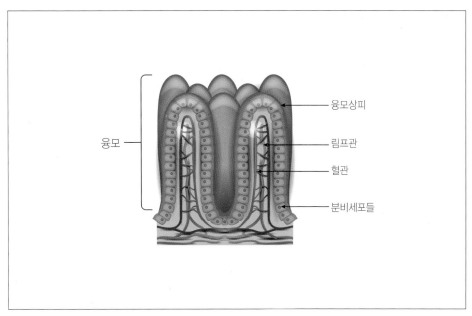

융모상피

림프관

혈관

분비세포들

융모

🧪 그림 10-3_ 소장의 융모

위하여 빠르게 알칼리성 소화액을 분비해서 중화시켜 주어야 한다. 간과 췌장에서 분비되는 알칼리성 소화액은 산성을 약화시키게 된다.$(H^+ + HCO_3^- = H_2CO_3)$

(4) 담 낭

지방은 소화가 되기 전에 유화(emulsifying)되어야 한다. 지방이 물과 섞일 수 있을 정도로 잘게 부수어 소화효소가 작용할 수 있도록 해주는 반응을 유화라고 하는데, 이 기능을 하는 것이 바로 담즙(bile)이다. 간에서 만들어지지만 담즙이라 부르는 것은 장으로 분비한다.

(5) 췌 장

인슐린(insulin)과 글루카곤(glucagon)이라고 하는 혈당량을 조절해주는 호르몬을 분비하는 내분비기관(endocrine gland)인 췌장(pancreas)은 소화효소와 중탄산염 용액도 분비한다.

(6) 간

간(liver)에서도 중탄산염 용액이 분비되지만, 가장 중요한 기능은 소화 후 흡수된 단량체를 다른 종류의 고분자의 단량체로 바꾸어 주는 것이다. 아미노산을 포도당이나 지방산, 글리세롤 등으로 바꾸어 주는 것이 그 예이다. 또한 콜레스테롤을 합성하며 혈액응고제재를 합성하기도 한다. 알코올 등 독성을 나타내는 물질들을 분해하는 것으로 간의 기능이다.(표 10-1)

(7) 대 장

대장(large intestine)은 노폐물을 운반하고, 물과 이온을 재흡수하는 소화기관이다. 대장의 입구에는 맹장이 붙어 있는데, 특별한 기능이 알려져 있지 않지만 면역세포가 많이 들어 있기 때문에 세균에 감염되지 않도록 하는 역할을 하고 있을 것으로 생각된다.

◈ 표 10-1_ 간의 주요 기능

단량체의 변환(필요한 다른 형태의 단량체로 전환)
콜레스테롤 합성
글리코겐을 포도당으로 변환[글리코겐 →포도당(혈당 높임)]
포도당을 글리코겐으로 변환[포도당 → 글리코겐(혈당 낮춤)]
알코올 약물 등 분해(해독)
담즙 분비(지방의 유화, 위산의 중화)
지질단백질 합성
비타민과 무기염류 저장
혈액 응고 물질 합성

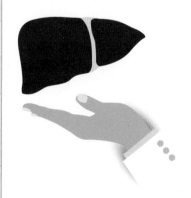

③ 소화 과정

(1) 탄수화물의 소화

탄수화물의 소화는 구강에서부터 시작된다. 다당류인 전분은 구강의 아밀라제 (amylase)에 의해 이당류인 엿당(mlatose)의 단위로 소화가 된다. 전분이 소화되어 생성된 엿당들과 덜 소화된 덱스트린(dextrin)으로 분해된 후 식도를 따라 위를 거친다. 위에서는 탄수화물의 소화가 이루어지지 않고 소장에서 최종적으로 소화된다.

구강에서 분해된 엿당과 덱스트린 중 덱스트린은 소장의 아밀라제에 의해서 엿당으로 분해된다. 엿당은 소장의 소화효소인 엿당분해효소(maltase)에 의해 포도당 2분자로 소화된다. 또 다른 이당류인 설탕(sucrose)은 설탕분해효소(sucrase)에 의해 포도당과 과당으로, 유당(lactose)은 유당분해효소(lactase)에 의해 포도당과 갈락토스 (galactose)로 소화된다. 이렇게 소화된 단당류들은 소장의 상피세포를 통해 혈액으로 흡수되고, 에너지를 필요로 하는 세포로 이동한다.

(2) 단백질의 소화

단백질은 구강과 식도를 지나 위로 이동한다. 위에서 분비되는 위산은 음식물 속 세균 등을 살균하는 역할도 하지만, 단백질 소화효소인 펩신을 활성화시킨다. 활성화된 펩신에 의해 복잡한 구조의 단백질이 폴리펩티드 형태로 바뀌게 되고, 소장으로 이동한다. 소장에서는 췌장이 분비하는 소화효소에 의해 폴리펩티드가 최종적으로 아미노산으로 분해된다. 아미노산은 소장벽을 통해 혈관으로 흡수되어 각 조직으로 이동한다.

(3) 지질의 소화

지질의 소화는 주로 소장에서 일어난다. 리파제(lipase) 등과 같은 소화효소에 의해 최종적으로 모노글리세리드(monoglyceride), 지방산, 콜레스테롤 등으로 분해된다. 특히 모노글리세리드는 물과 친화력이 낮기 때문에 바로 흡수되지 못하고 담즙산과 결합하여 흡수된다.

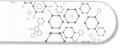

2 세포호흡

① 세포호흡과 광합성

에너지 대사는 에너지의 생성과 소비 측면에서 살펴볼 수 있다. 생물이 필요로 하는 에너지의 근원은 태양이다. 동물은 식물이 태양 에너지를 이용하여 만든 포도당을 섭취함으로써 에너지원으로 사용할 수 있다.

포도당의 에너지는 화학 에너지인데, 이는 해당과정(glycolysis), TCA 회로(TCA cycle), 전자전달계(electron transport system)의 3단계를 거쳐 ATP라는 생체 에너지로 변환하여 사용이 가능하다. 이 과정에서 물과 이산화탄소가 부수적으로 만들어진다. 흔히 일상생활에서 입으로 숨을 쉬는 것을 체호흡이라 하고, 세포 차원에서 포도당을 분해하여 에너지로 변환하는 과정을 세포호흡이라 한다. 간세포(liver cell)가 세포호흡이 가장 활발한 세포라고 할 수 있다.

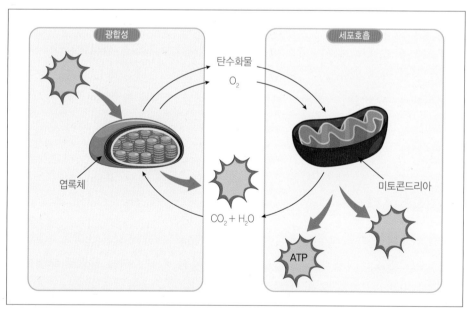

🧪 그림 10-4_ 세포호흡과 광합성

동물이 에너지를 만들어내는 과정 중에서 배출되는 물과 이산화탄소는 식물에 의해 재활용되고 태양 에너지와 합쳐 다시 포도당을 만드는 데 이용되는데, 이를 광합성(photosynthesis)이라 한다. 광합성의 결과 포도당은 물론 산소가 함께 만들어지는데, 이 산소는 다시 동물의 호흡에 사용된다. 일련의 과정에서 볼 수 있듯이 동물과 식물은 에너지 대사 측면에서 서로 연결되어 있다.

생물이 살아가는 데에 가장 중요한 것이 '물'과 '산소'이며, 이들이야말로 생명을 유지하기 위해 필요한 에너지의 근원이라고 할 수 있다.

② 생체 에너지 ATP

우리가 체내에서 사용할 수 있는 에너지의 단위를 ATP라고 부른다. 전분과 같은 탄수화물이나 단백질, 지질 등과 같이 인간이 섭취한 음식물 속의 에너지원은 최종적으로 ATP로 전환되어야 사용될 수 있다. 이때의 ATP는 뉴클레오티드의 한 종류인데, 당은 5탄당인 리보오스(ribose)를, 염기(base)는 아데닌(adenine)을 사용하며, 인

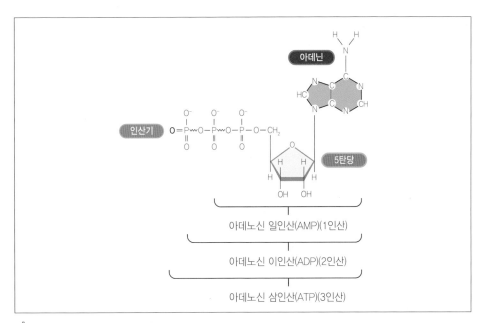

🧪 그림 10-5_ ATP의 구조

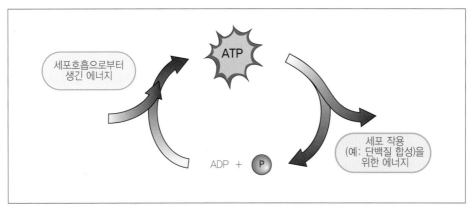

🔬 그림 10-6_ ATP와 ADP의 관계

이 모두 3개 달려 있는 형태를 가진다. 인과 인 사이의 결합 에너지가 ATP의 에너지이다.

ATP가 가수분해되면 인 하나가 떨어져 나와서 ADP로 변하는데, 이때 인의 결합이 끊어지면서 에너지가 방출된다. 이 반응은 가역반응으로서 탈수결합반응에 의해 다시 ADP에서 ATP로 변환될 수 있다. 음식물 속 영양소가 세포호흡 과정을 통해 생체 에너지로 전환되는 과정에서 생성된 전체 에너지 중 약 40%가 ATP 형태로 저장이 되고, 나머지는 열에너지로서 체온 유지에 사용된다.

③ 세포호흡

모든 에너지 대사의 기본은 탄수화물의 대사이며, 그중에서도 포도당 대사가 근본이라고 할 수 있다. 단백질이나 지질의 대사 과정도 포도당 대사 속으로 들어와서 에너지로 변환된다. 따라서 포도당 대사를 기본으로 이해하게 되면 기타 대사 과정들은 응용함으로써 어렵지 않게 터득할 수 있다.

포도당이 에너지원으로 특별히 중요한 이유는 뇌가 사용할 수 있는 대표적인 에너지원이기 때문이다. 뇌에 몇 분이라도 포도당이 공급되지 않으면 뇌세포는 회복이 불가능할 정도로 파괴되고 만다.

물질대사에서는 개개의 반응식이나 화학 구조를 암기하는 것보다 전체적인 흐름

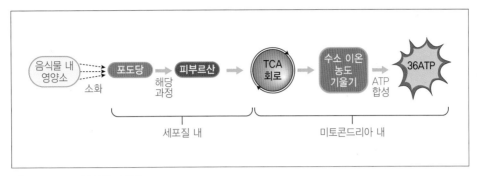

그림 10-7_ 세포호흡 모식도

을 이해하는 것이 중요하다. 산소가 공급될 경우(aerobic condition) 포도당 대사는 모두 3단계로 이루어진다.

포도당 대사의 첫째 단계는 해당과정(glycolysis)이다. 해당과정은 말 그대로 6탄당인 포도당이 3탄당인 피루브산(pyruvic acid) 두 분자로 분해되는 단계이다. 이 과정에서 ATP와 NADH가 만들어지게 되는데, 이때의 NADH는 이후에 전자전달계를 거치면서 최종적으로 ATP로 변환된다.

두 번째 단계는 TCA 회로(TCA cycle)이다. 해당과정의 산물인 피루브산이 산소가 공급되는 호기적 조건에서 이루어진다. TCA 회로는 미토콘드리아 내부에서 더욱 많은 반응을 거치면서 연속하여 NADH와 $FADH_2$, GTP 등을 만들어내는 과정이다.

마지막 단계는 해당과정과 TCA 회로에서 만들어진 NADH와 $FADH_2$의 전자들이 에너지 전위가 낮은 단계로 이동하면서 방출하는 에너지가 또 ATP로 바뀌는 최종 단계인 전자전달계(electron transport chain)이다.

1분자의 포도당으로부터 동식물 세포는 36개의 ATP를, 미생물은 38개의 ATP를 만들어낸다. ATP 1분자의 에너지는 약 7,300cal에 해당한다.

(1) 해당과정

포도당 대사의 첫 번째 단계인 해당과정은 세포질에서 일어난다. 해당과정은 6탄당인 포도당 1분자가 3탄당인 피루브산 2분자로 분해되는 과정이다. 해당작용은 모두 10종류의 효소에 의해 단계적으로 일어난다. 이 과정에서 포도당 1분자로부터 최

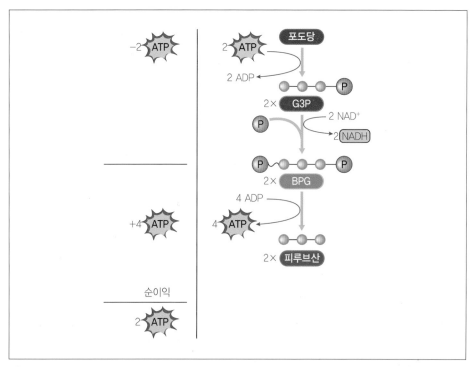

🧪 그림 10-8_ 해당 과정

종 ATP 2분자와 NADH 2분자가 만들어진다.

세포 내로 유입된 포도당은 과당으로 변환되는 등의 과정을 통해 3탄당 2분자로 깨어진다. 이 과정에서 ATP 2분자가 사용된다. 이렇게 해서 만들어진 3탄당들이 DHAP(dihydroxyacetone phosphate)와 PGAL(glyceraldehyde-3-phosphate)이다. DHAP는 PGAL과 서로 이성질체 관계에 있기 때문에 이성화효소인 이소머라아제(isomerase)에 의해 다시 PGAL로 변환될 수 있다. 결국 하나의 포도당에서 두 개의 PGAL이 만들어지기에 이후 피루브산이 형성될 때까지의 반응은 두 번 반복하여 일어난다고 생각해야 한다.

PGAL이 피루브산으로 변할 때까지 ATP 2분자와 NADH 1분자를 내어놓는다. DHAP가 PGAL로 이성화되기에 결국 포도당 1분자에서 총 ATP 4분자와 NADH 2분자가 만들어지는 셈이다. 하지만 초기에 사용한 ATP 2분자를 빼게 되면 최종적으로 포도당 1분자에서 피루브산 2분자로 분해되는 해당과정의 결과, ATP 2분자와

NADH 2분자가 남게 된다. 이때 만들어진 NADH들은 이후의 전자전달계를 거치게 되면서 더 많은 ATP로 변환이 된다.

(2) TCA 회로

TCA 회로는 진핵세포의 미토콘드리아에서 일어나는 반응이다. 원핵세포에서는 미토콘드리아가 없으므로 그냥 세포질에서 일어난다.

TCA 회로(tricarboxylic acid cycle)는 여러 이름으로 불린다. TCA 회로라는 이름은 구연산을 비롯해 이 회로에 관여하는 물질들이 카르복시기(COOH)를 3개 가지고 있으므로 붙여진 이름이다. 구연산회로(citric acid cycle)라고도 부르는데, 이는 이 과정에서의 초기 물질이 구연산이기 때문이다. 또한 Krebs에 의해 알려진 회로이기 때문에 크랩스 회로(Krebs cycle)라고도 부른다.

해당과정으로 얻어진 피루브산은 산소가 공급되는 환경에서 Acetyl CoA라는 중간물질로 전환된 다음 TCA 회로로 들어가는데, 이 과정에서 NADH가 1분자 생긴다. TCA 회로를 한 바퀴 도는 동안에 NADH가 3분자, $FADH_2$가 1분자, GTP가 1분

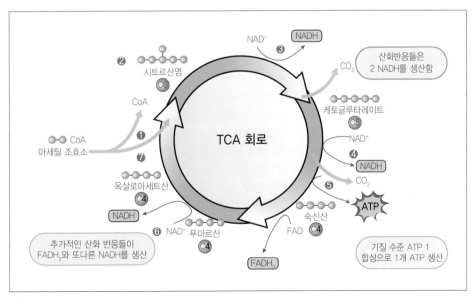

그림 10-9_ TCA 회로

자 만들어진다. 이때의 GTP는 ATP로 쉽게 형태 변환될 수 있다. NADH와 FADH$_2$ 는 전자전달계로 들어가게 된다.

(3) 전자전달계

전자전달계는 앞선 단계였던 해당과정과 TCA 회로에서 생성된 NADH와 FADH$_2$ 의 전자 에너지가 ATP로 변환되는 과정이다. 이해를 돕기 위해 전자전달계에 문이 3개 있다고 생각해 보자. NADH나 FADH$_2$는 반드시 이 문들을 통과해야 하는데, 각 각의 문을 통과할 때 ATP가 하나씩 만들어진다. 세포 내에서 이 문들에 해당하는 것

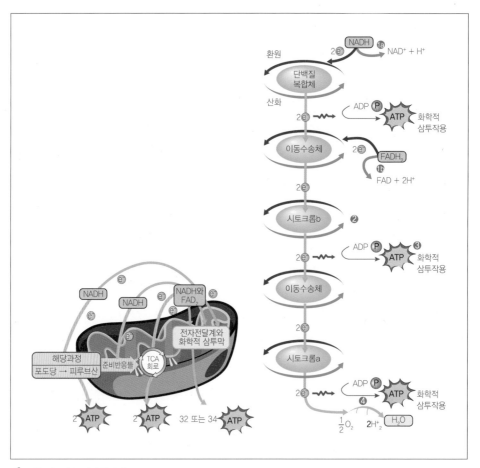

🧪 그림 10-10_ 전자전달계

이 바로 시토크롬(cytochrome) 효소들이다. 전자전달계도 미토콘드리아에서 일어나는데 원핵세포에서는 세포질에서 반응이 일어난다. NADH는 전자전달을 완료하면 3개의 ATP가 만들어지는 반면, $FADH_2$의 경우는 2개의 ATP가 만들어진다. 마지막 단계에서 전자가 수소의 형태로 산소에 전해지면 물이 형성된다.

(4) 세포호흡의 에너지 효율

포도당 1분자로부터 만들어지는 ATP를 계산하면 다음과 같다. 다만 잊지 않아야 할 것은 포도당 1분자에서 3탄당 2개가 만들어지므로 해당과정 이후의 모든 계산은 2배로 곱해주어야 한다.

먼저 해당작용에서 순수하게 만들어진 ATP가 2개, NADH가 2개이다. 해당과정의 결과 얻어진 피루브산은 2분자이지만 각기 따로 TCA 회로를 거치게 되면 TCA 회로에서는 NADH가 4개, $FADH_2$가 1개, GTP가 1개 만들어진다. GTP는 ATP로 곧 변환되므로 실제로는 TCA 회로에서도 ATP가 1분자 만들어지는 것과 같다. 그런데 해당과정으로 피루브산이 모두 2분자가 만들어지므로 실제 이 2분자의 피루브산이 모두 TCA 회로를 거치게 되면 TCA 회로에서는 NADH가 8개, $FADH_2$가 2개, GTP가 2개 만들어진다. 앞에서 이야기한 것처럼 GTP는 ATP로 변환하여 ATP가 2분자로 간주한다. 따라서 포도당 1분자가 해당과정과 TCA 회로까지 거치게 되면 결과적으로 NADH가 10개, $FADH_2$가 2개, ATP가 4개 만들어지는 셈이다. 이후 전자전달계에서 NADH는 각각 3개의 ATP를, $FADH_2$는 각각 2개의 ATP를 만들 수 있으므로 결국 포도당 1분자에서 총 38개의 ATP가 만들어질 수 있다.

미토콘드리아가 없는 세균과 같은 미생물은 해당과정과 TCA 회로, 전자전달계가 모두 세포질과 세포막에서 연이어 일어나기 때문에 위의 계산과 같이 38개의 ATP가 만들어진다. 그러나 동물과 식물 세포에서는 계산이 달라진다. 진핵세포에서도 해당작용은 세포질에서 일어나지만, 이때 생성된 NADH 2분자가 TCA 회로와 전자전달계로 들어가려면 미토콘드리아의 막을 통과해야 한다. 그러나 NADH는 구조상 미토콘드리아의 막을 그대로 통과할 수 없기 때문에 통과가 가능한 $FADH_2$로 변환된 다음 막을 통과해 전자전달계로 들어가게 된다. 그러한 이유로 동식물세포에서는

포도당 1분자당 총 36개의 ATP가 만들어지게 된다. ATP 1분자는 7,300cal에 해당함으로 결국 포도당 1분자에서는 약 260~280kcal가 ATP로 만들어지는 셈이다.

(5) 세포호흡의 조절

전체 대사는 해당과정의 첫 번째 과정에서 작용하는 효소인 헥소키나제(hexoki-nase)에 의해서 주로 조절된다. 헥소키나제의 산물인 포도당-6-인산(glucose-6-phosphate)이 지나치게 많아지면 역으로 효소가 억제를 받아서 반응을 더 하지 못하고 전체 반응까지 억제를 받게 된다. 결과적으로 헥소키나제는 ADP/ATP의 비율에 의해 그 활성이 좌우된다. 즉, 반응 산물에 의해 음성적 피드백을 받는 효소라고 할 수 있다. 과당-6-인산(fruc-tose-6-phosphate)을 과당-1,6-이인산 (fructose-1,6-phosphate)으로 촉진하는 해당과정의 세 번째 과정에서 작용하는 효소인 인산프락토키나아제(phosphofruc-tokinase) 역시 ATP에 의해 저해되고, ADP에 의해 촉진된다. 결국 세포 내에

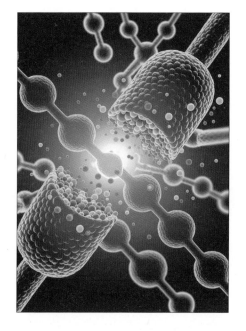

ATP가 충분하면 더 이상 만들 필요가 없기 때문에 억제를 받게 되고, ATP가 부족한 상황이 되면 반응이 촉진된다. 반응 산물들에 의하여 전체 에너지 대사는 적절하게 유지되고 조절된다.

(6) 발 효

피루브산은 산소가 공급되지 않을 경우에는(anaerobic condition) TCA 회로로 가지 못하고 젖산발효나 알코올발효를 하게 된다. 그러나 발효(fermentation)의 경우 젖산과 알코올에는 쓰이지 않은 에너지가 많이 들어 있기 때문에 대단히 비효율적인 에

너지 효율을 보인다. 알코올발효를 하는 대표적인 생물체는 효모이고 젖산발효를 하는 생물체의 대표적인 예는 젖산균이다. 비록 비효율적인 에너지 효율을 보이는 발효이지만 젖산발효는 요구르트나 치즈를 만드는 데 이용되고, 알코올발효는 술이나 빵을 제조하는 데 이용된다.

격한 운동을 할 때 호흡이 가빠지는 것은 최대한 산소 공급을 많이 해서 TCA 회로와 전자전달계로의 피루브산 유입을 촉진하기 위함이다. 그렇게 되면 운동을 위해 필요한 에너지인 ATP가 많이 생길 수 있다. 사람의 세포는 젖산발효는 하지만, 알코올발효를 하지 않는다. 심한 운동을 하면 근육세포에 산소가 매우 부족하게 되어서 젖산발효를 하게 된다. 이렇게 생성된 젖산으로 인해 근육이 일시적으로 산성화되면서 통증으로 느껴지게 되는 것이다.

(7) 대 사

탄수화물의 대사를 살펴보았지만, 단백질, 지질도 소화효소에 의해 각각의 단량체로 분해된 다음 각각 앞에서 언급한 세포호흡 경로 중 특정 경로로 유입되어 사용될 수 있다. 중성지방을 예로 들면, 중성지방이 소화되어 분해된 단량체인 글리세롤은 포도당 대사 중 해당작용에서의 DHAP를 거쳐 에너지로 변환이 된다. 대부분의 아미노산과 지방산, 핵산 등은 피루브산이나 Acetyl CoA로 변환된 뒤 대사 과정을 거쳐 에너지로 전환된다.

④ 바람직한 음식물

음식물에 들어 있는 영양소는 중합체의 형태로 존재한다. 탄수화물, 단백질, 지질, 핵산 등 음식물로 섭취한 고분자들은 포도당, 아미노산, 지방산, 뉴클레오티드의 사슬들이다. 소화(digestion)는 이러한 중합체를 흡수하기 용이한 단량체로 분해해주는 과정이다. 소화를 통해 분해된 단량체는 소화관에 와 닿은 혈액에 흡수되어 몸의 각 부분으로 이동한 다음 에너지원이나 체내 구성 물질(building block)로 사용된다.

그렇다면 바람직한 음식은 무엇인가? 사람에게 가장 유용한 음식물은 전분

(starch)이라고 할 수 있다. 다당류인 전분은 포도당이 사슬처럼 연결된 형태이기에 필요에 따라 이를 분해하여 에너지원으로 사용할 수 있다. 이당류인 설탕 역시 좋은 에너지원이기는 하지만 이당류라서 전분과 같은 다당류에 비해 훨씬 빠르게 소화되기에 장기적인 에너지로 사용하기 어렵다. 같은 다당류인 섬유소도 포도당의 사슬이기는 하지만 그 결합 구조가 다르기 때문에 사람이 가지고 있는 소화효소로는 분해가 불가하다. 일부 초식동물의 경우에는 소화관 속 많은 대장균이 셀룰라아제(cellu-lase)라는 효소를 대신 분비해줌으로써 섬유소를 에너지원으로 사용할 수 있다. 사람의 장에서 분해되지 않은 섬유소는 에너지원으로 이용하는 대신 배설이 용이하도록 해준다.

중성지방은 단위 그람(gram)당 탄수화물이나 단백질에 비해 2배 이상 칼로리(calo-ry)를 낼 수 있는 좋은 에너지원이다.(다만 음식물에서 지방 함량이 30%를 넘지 않도록 하는 것이 중요하다) 지방은 특히나 신생아가 탄생할 때 체온의 급격한 저하를 막아주기도 한다. 태아 시기 동안 태아는 피하조직 내에 지방을 계속 축적한다. 태어난 직후 아기는 스스로 체온을 유지할 수 있는 능력이 없기 때문에 축적된 지방이 중요하다고 할 수 있다. 이렇게 중요한 지방이지만, 가장 큰 문제점은 포화지방(saturated fat)이다. 포화지방은 육류, 우유, 치즈 등에 많이 들어 있고 상대적으로 몸에 좋은 불포화지방(unsaturated fat)은 채소와 생선에 많이 들어 있다. 지나치게 많은 포화지방은 동맥경화나 암을 유발할 수도 있기 때문에 주의해야 한다. 글리코겐(glycogen)과 지방은 인간을 비롯한 동물에게 있어서 가장 대표적인 에너지 저장 형태라고 할 수 있다.

만약 영양분을 충분히 섭취할 수 없는 환경에 놓이게 되면 가장 먼저 몸에서 빠져나가는 것은 지방이며, 지방이 완전히 사용된 후에는 근육을 분해해서 생긴 아미노산이 유일한 에너지원이기에 근육의 단백질도 빠져나가게 된다. 근육 중에서도 가장 먼저 분해되어 사용되는 것은 골격근이고, 그다음으로 위, 장, 심장 등의 근육이 차례대로 사용된다. 그러나 이런 기관들은 생명 유지에 필수적인 것이기에 사람이 굶게 되면 대개 이 시점에서 사망한다. 따라서 적당한 영양분의 섭취 없이 무작정 굶어서 살을 빼려 든다면 이렇게 위험한 상태에 빠질 수 있다.

영양 결핍으로 인해 혈액 내에 단백질이 부족하게 되면 삼투압의 변화가 오게 되어 결국 조직으로 혈액 성분이 흘러 들어가 수종(edema)이 생기게 된다. 이것은 저개

발 국가의 아이들이 먹지 못하는데도 배가 불러오는 이유이다. 이 경우에는 필수아미노산조차도 부족하여 제대로 성장하지 못하는 것은 물론이고, 정신 발육이 저해되거나 심지어는 사망에 이르게 된다.

비타민 역시 음식물에 반드시 포함되어야 한다. 비타민 B군, C와 같은 수용성 비타민들은 많이 존재한다고 해도 세포에 저장되지 않고 그대로 소변으로 배출되지만, 지용성 비타민인 비타민 A, D, E, K는 필요 이상으로 섭취하게 되면 소변으로 빠져나가지 못하고, 간과 지방세포에 축적되어 독성을 나타내기에 지나친 섭취를 하지 않도록 조심해야 한다.

극소량이지만 반드시 필요한 무기염류는 60여 종류가 알려져 있는데, 이 중 20여 가지가 필수적인 것들이다. 특히 칼슘(calcium), 칼륨(potassium), 나트륨(sodium), 염소(chlorine), 마그네슘(magnesium), 인(phosphorus) 등은 우리 몸에서 매우 중요한 것들이다.

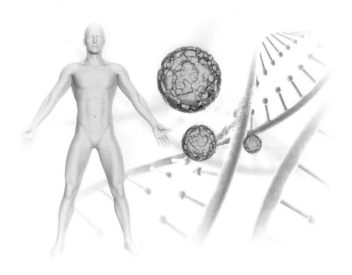

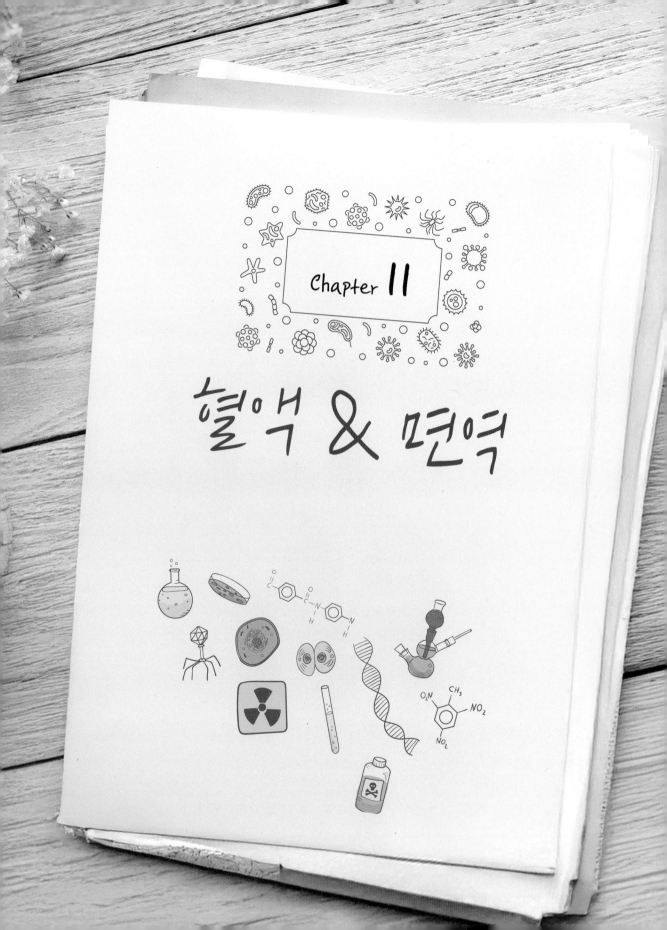

Chapter **11**

혈액 & 면역

🎯 학습 목표

1. 혈액을 분류하고 각 특징을 이해한다.

2. 면역을 정의 내리고 분류한다.

3. 면역 반응을 설명하고 면역질환을 이해한다.

혈 액

혈액(blood)은 결합조직 중 하나로서 적혈구, 백혈구, 혈소판과 같은 고형성분과 혈장(plasma)이라고 하는 액체 성분의 바탕질(liquid matrix)로 구성되어 있다.(그림 11-1) 평균적으로 혈장이 약 55%, 세포 성분이 45% 정도를 차지한다. 혈액은 총 몸무게의 약 8%를 차지하는데, 성인을 기준으로 여성의 경우 총 혈액량은 약 4~5L, 남성은 5~6L 정도이다.

1 혈 장

혈장(plasma)은 옅은 노란색의 액체로 약 90% 이상이 물로 이루어져 있으며, 약

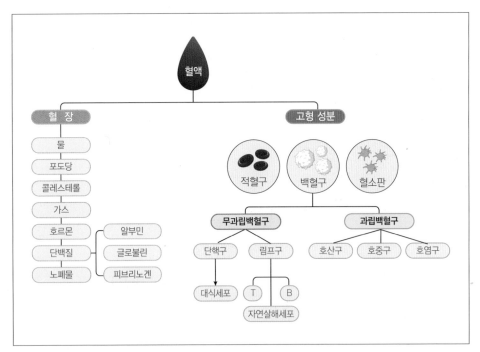

그림 11-1_ 혈액의 구성

7%가 단백질 그리고 영양 물질, 이온, 가스, 노폐물, 호르몬 등의 조절 물질과 같은 것들이 나머지를 차지한다. 혈장 내의 중요 단백질로는 알부민, 글로불린, 피브리노겐 등이 있는데, 삼투압(osmotic pressure)과 관련된 알부민(albumin)은 혈장단백질의 58%를 차지하고 있다. 면역 등에 관여하는 글로불린은 혈장단백질의 38%를 차지하며, 응고인자인 피브리노겐(fibrinogen)은 혈장단백질의 4%를 차지하고 있다.

② 고형성분

고형성분은 적혈구(red blood cell; RBCs)가 약 95%를 차지하며, 백혈구(white blood cell: WBCs)와 혈소판(platelet)이 나머지를 차지한다.(그림 11-2)

이들이 만들어지는 과정을 혈구생성(hematopoiesis)이라고 하는데, 태아기에는 주로 간이나 가슴샘, 적색골수, 림프절 등 많은 조직에서 만들어지지만, 출생 이후에는 림프 조직에서 만들어지는 일부 백혈구를 제외하면 적색골수에서 만들어진다.

(1) 적혈구

적혈구(red blood cell)는 작은 혈관을 쉽게 통과할 수 있도록 쉽게 접힐 수 있고, 산소와 같은 가스의 출입이 용이하도록 표면적을 증가시킨 구조를 위해 세포의 중심

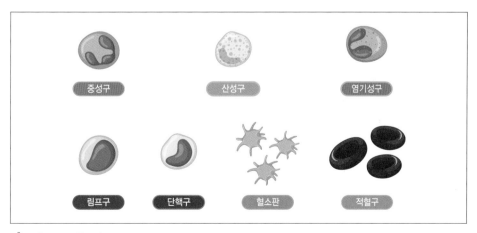

중성구   산성구   염기성구

림프구   단핵구   혈소판   적혈구

🧪 그림 11-2_ 혈구세포

이 옴폭하게 파인 듯한 도넛 모양을 하고 있다.

적혈구는 성숙 과정에서 핵(nucleus) 등을 손실하여 무핵세포로 존재하며, 남성의 경우 약 120일, 여성은 110일 정도의 수명을 가진다. 적혈구는 헤모글로빈(hemoglobin)이라는 단백질이 약 3분의 1 정도를 차지하고 있다. 적혈구는 허파에서 몸의 여러 조직으로 산소를 제공하고, 이산화탄소를 조직에서 허파로 이동하는 역할을 하는데, 이때 산소의 이동이 이루어지도록 하는 것이 바로 헤모글로빈이다.

(2) 혈소판

혈소판(platelet)은 적색골수(red bone marrow)에 있는 큰 세포인 거대핵세포(거핵구, megakaryocyte)가 작은 조각들로 분리되어 혈액으로 들어간 것으로서 혈액 응고의 과정에 중요한 역할을 한다

(3) 백혈구

백혈구(white blood cell)는 적혈구보다 크고 핵을 가지고 있으며, 주로 우리 몸을 보호하는 면역과 염증에 관여하는 세포이다. 백혈구는 다른 혈액 성분과는 달리 혈액에서 나와서 아메바 운동(ameboid movement)을 통해 필요한 조직으로 이동이 가능하다는 특징이 있다.

백혈구는 세포질 과립이 들어 있는 과립백혈구(granulocyte)와 무과립구백혈구(agranulocyte)로 분류하며, 그중 과립백혈구는 과립(granule)의 염색성에 따라 호중구(neutrophil), 호염구(basophil), 호산구(eosinophil)로 구분된다. 이들은 핵의 모양이 다양하여 다형핵 백혈구로도 불리기도 한다.

❶ 호중구(neutrophil)

호중구는 사람의 말초 혈액 백혈구 중 40~70%를 차지하는 매우 짧은 다형핵 백혈구이다. 수명이 6~24시간 정도이며, 3~5개의 분엽된 핵이 있다. 호중구의 과립에는 여러 분해 효소, 리소자임, 락토페린 등이 포함되어 있어서 식균 작용을 하는 대표적인 백혈구라 할 수 있다.

❷ 호산구(eosinophil)

말초 혈액의 약 1~5%를 차지하고 있는 호산구의 과립에는 호산구성 과산화효소, 호산구성 양이온성 단백질, 주염기성 단백질 등과 같은 단백질이 포함되어 있다.

이들 단백질은 기생충(parasite)을 제거하고, 포식 후 소화작용에 중요한 역할을 한다.

❸ 호염구(basophil)

호염구가 가지고 있는 호염기성 과립에는 히스타민(histamine)과 헤파린(heparin) 등이 있다. 호염구는 항체 중 하나인 IgE의 감작에 의해 히스타민 등을 분비함으로써 혈관을 확장시키는 등 즉시과민반응(immediate hypersensitivity)에 관여하는 것으로 알려져 있다.

호염구는 말초 혈액 중에 1% 미만으로 존재한다.

❹ 대식세포(Macrophage, 큰포식세포)

무과립백혈구의 하나인 대식세포는 혈액에서는 단핵구(monocyte) 형태로 존재하고, 조직으로 들어가면 대식세포로 분화하게 된다. 결합조직에서는 조직구(histiocyte), 간에서는 쿠퍼세포(Kupffer's cell), 뼈에서는 파골세포(osteoclast), 폐에서는 폐포 대식세포(alveolar macrophage)라고 불린다.

대식세포는 비특이적으로 항원을 포식하는 등 선천 면역에 있어서 매우 중요한 세포라고 할 수 있다. 대식세포가 탐식하는 과정에서 항원을 둘러싼 막은 포식소체(phagosome)라는 주머니 상태로 대식세포 안으로 들어간 후 용해소체와 융합되어서 포식리소좀(phagolysosome)을 형성하게 된다. 그 후 용해소체의 여러 종류의 효소 등에 의하여 항원이 분해되고 제거된다.

❺ 림프구(Lymphocyte)

림프구 역시 무과립백혈구에 속하며 혈액에서 30~50%를 차지한다. 림프구에는 B림프구와 T림프구, 자연살해세포(natural killer cells: NK cells)가 포함된다.

❻ B림프구(B lymphocyte)

항체를 생성할 수 있는 세포로서, 체액 면역의 중심이 되는 세포이다. 항원 자극을 받으면 형질세포(plasma cell)로 분화한 후 항체를 분비한다.

❼ T림프구(T lymphocyte)

세포매개면역(cell-mediated immunity)의 중심이 되는 림프구로서 역할에 따라 분류할 수 있다.

🧬 **보조 T세포**(helper T cell)

항원제시세포에 의하여 항원제시를 받으면 보조 T세포는 활성화된 후 사이토카인을 분비하여 B림프구가 형질세포로 분화하여 항체를 생산하도록 하는 역할을 한다. 뿐만 아니라 인터루킨(interleukin)-2(IL-2) 등과 같은 사이토카인을 분비하여 세포 독성 T세포와 같은 세포를 활성화하도록 보조한다.

🧬 **세포독성 T세포**(cytotoxic T cell)

다양한 효소들을 분비하여 감염된 세포가 세포 자멸사 하도록 하는 기능을 한다.

🧬 **조절 T세포**[regulatory T cell: 억제 T세포(suppressor T cell)]

면역반응이 과도하게 일어나는 것을 억제하는 T세포이다.

(1) 자연살해세포(Natural killer cell: NK cell)

큰과립림프구(large granular lymphocyte)로서 비특이적인 방법으로 바이러스에 감염된 세포나 종양세포를 인식하여 세포 자멸사를 유도할 수 있는 기능을 가지고 있다. 항체의존세포매개세포독성(antibody-dependent cell-mediated cytotoxicity: ADCC)도 나타낸다.

2 면 역

① 면역의 정의와 분류

면역(免疫, immunity)은 생물체에 있어서 방어 기능을 말한다. 특히 감염과 같은 외부 침입에 대한 방어의 측면에서 면역은 생명 현상의 유지에 매우 중요하다고 할 수 있다. 이러한 면역작용을 크게 선천면역과 후천면역으로 나눌 수 있다.(그림 11-3) 일반적으로 선천면역은 태어날 때부터 가지고 있는 면역을 말하며, 이를 다시 감염 전 방어와 감염 후 방어로 분류한다.

선천면역으로도 제거되지 않은 침입 물질 등은 후천면역이 작용함으로써 생물체를 보호한다. 후천면역은 다시 세포 매개성 면역과 체액성 면역으로 나눈다.

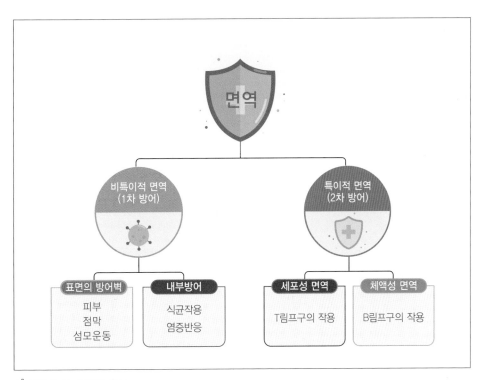

🔬 그림 11-3_ 면역의 분류

② 선천면역

감염 전 방어는 말 그대로 감염이 되지 않도록 하는 방어기전을 말하며, 가장 대표적인 것이 피부라고 할 수 있다. 모든 동물의 방어작용은 1차적으로 피부에서 이루어진다. 피부는 점액성 물질을 만들어내거나 또는 그 자체로서 외부의 침입에 대하여 1차적으로 방어막 역할을 한다. 만일 피부가 손상된다면 쉽게 병원균이 체내로 침입할 수 있기 때문에 상처가 나는 즉시 소독 등의 처치를 해야 한다.

피부와 호흡기계의 섬모운동은 물리적인 방어작용을 하고, 눈물이나 타액의 lyso-zyme(용해효소)은 세균의 세포벽을 터뜨리는 화학 작용을 한다. 위산 역시 음식물에 들어 있는 병원미생물을 제거하는 역할을 하며, 질의 산성 역시 생식기로부터 침범하는 질염의 원인균 등을 화학적으로 제거한다. 이렇게 1차적으로 감염이 되지 않도록 하는 방어기작이 무력화되면 인간을 비롯한 동물은 2차적 면역작용인 감염 후 방어작용을 보인다.

사람을 비롯한 모든 동물은 외부에서 이물질(병균, 알레르기성 물질이나 독소 등)이 체내에 들어오면 이에 대하여 방어하는 기작을 가지고 있다. 가장 대표적인 예가 바로 포식작용(phagocytosis)이다. 이 식작용은 식세포라는 특이한 기능의 세포를 이용해 이루어진다. 포식세포를 통해 일어나는 면역작용은 선천면역(innate immunity)의 가장 핵심이라고 할 수 있다. 포식작용을 하는 세포로 가장 대표적인 것이 호중구나 대식세포와 같은 백혈구이다.

사이토킨(cytokine)은 혈류를 따라 이동하지 않고, 만들어진 염증 조직 부위에서만 작용하는 물질이다. 항암제로 쓰이는 인터페론(interferon)은 특별히 바이러스가 침입하였을 때 이를 공격하여 더 이상의 증식과 확산을 막아주는 사이토킨이다.

보체(complement)는 혈액 내 단백질로서 침입한 병원균을 분해시키고 백혈구의 활성을 돕는다.(그림 11-4) 외부 미생물이 침입해 항체가 만들어지면 같이 활성화되어 대식세포를 자극한 결과 면역계를 활성화시켜서 식작용을 일으켜 삼킨 이물질이나 병원균을 용해소체(lysosome)로 보내 가수분해해 버린다.

자연살해세포(natural killer cell, NK cell)는 감염된 세포나 암세포의 세포 자멸사를 유도함으로써 바이러스의 증식이나 암세포의 증식을 억제하는 역할을 한다.

③ 후천면역

선천면역으로도 해결이 되지 않은 외부 침입 물질이나 병원미생물에 대해서 후천면역 반응으로 방어하려 한다. 후천면역은 세포 매개성 면역과 체액성 면역으로 나눌 수 있다.

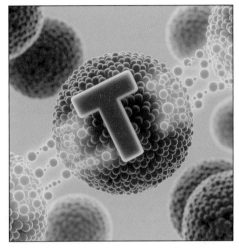

포식작용을 하는 대식세포가 이물질을 포식하고 난 후 이물질(항원)의 일부를 T림프구의 하나인 보조 T림프구(helper T cell, Th)에게 제시한다. 면역은 자기와 비자기를 구분한 후 비자기를 공격하여 보호하는 것이기 때문에 비자기를 구분하는 것이 중요한데, 대식세포는 포식의 능력은 있으나 포식한 대상에 대한 자기와 비자기 구분 능력은 없기 때문이다.

대식세포는 Th cell에게 항원의 일부를 건네주기 때문에 항원제시세포라고 부를 수 있다. 대식세포로부터 항원의 일부를 건네받은 보조 T림프구는 사이토카인을 분비한다. 보조 T림프구는 대식세포에 사이토카인을 분비하여 대식세포가 활발히 포식작용을 하게 한다. 또한 보조 T림프구는 세포독성 T림프구(cytotoxic T cell. Tc)에도 사이토카인을 분비한다. 보조 T림프구의 사이토카인을 받은 세포독성 T림프구는 감염된 세포의 세포 자멸사를 유도하는 역할을 한다.

보조 T림프구의 사이토카인은 B림프구에도 전달된다. 보조 T림프구의 사이토카인을 받은 B림프구는 형질세포와 기억세포로 분화하게 되고, 그중 형질세포는 항체라고 불리는 면역글로불린(immunoglobulin)을 생산하게 된다. 이때 만들어지는 항체에는 IgG, IgM, IgA, IgE, IgD 등 다양한 종류가 있다. 항체마다 작용 기작이 서로 다른데, 예를 들면 IgA는 침, 눈물, 초유 등에 주로 들어 있어 공기나 음식물을 통해 들어오는 병원체에 대해 방어하는 작용을 한다. IgE는 백혈구를 자극하여 히스타민(histamine)을 분비하게 함으로써 알레르기 반응을 일으키는 항체이다. 알레르기를 일으키는 이물질을 알레르겐(allergen)이라 통칭한다. 동물의 털, 약물, 꽃가루 등은 흔히 볼 수 있는 알레르겐이다. 알레르기 반응은 일종의 과민성 반응으로서 우리 몸에 적색 신호를 보내 대응 체계를 갖추도록 지시하는 효과가 있다.

④ 항 체

항체의 구조를 보면 불변부와 가변부로 되어 있는데, 가변부의 아미노산 배열이 무한정으로 다양하게 변화할 수 있기 때문에 어떤 새로운 항원이 침입해 오더라도 대응해 낼 수가 있다. 항체의 가변 부위에 항원이 결합함으로써 항원-항체 복합체가 형성된다.

항원-항체 복합체가 형성되고 나면 항체는 항원의 독소를 중화시키고, 응집반응을 통해 포식세포가 포식작용하기 쉽도록 해준다.

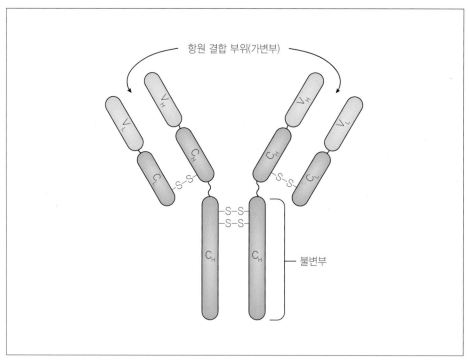

🧪 그림 11-4_ 항체의 구조

◈ 표 11-1_ 항체의 종류와 특징

종 류	중쇄 유형	구 조	특 징
IgG	감마(γ)	단량체(monomer)	· 혈청에서 가장 많이 존재 · 가장 작은 크기 · 태반 통과 가능 · 중화반응, 포식작용 촉진 등
IgM	뮤(μ)	오량체(pentamer)	· 가장 큰 크기 · 항원 노출 후 가장 먼저 생성 · 중화반응, 보체 활성화 유도 등
IgA	알파(α)	단량체(monomer) 이량체(dimer)	· 타액, 모유 등에서 sIgA의 형태로 분비 · 중화반응
IgE	입실론(ε)	단량체(monomer)	· 비만세포나 호염구 표면에 결합 · 항원과 결합하여 감작 후 과민반응 유도
IgD	델타(δ)	단량체(monomer)	

⑤ 능동면역과 수동면역

능동면역은 생체가 항원과 직접 접촉한 후 생체 스스로 직접 면역력을 획득한 것을 말하며, 수동면역은 면역이 성립된 개체로부터 면역되어 있지 않은 개체가 혈액 성분이나 림프구를 전달받음으로써 얻게 되는 면역을 말한다.

(1) 자연능동면역(Natural active immunity)

생체가 자연 상태에서 일어나는 감염에 의해 얻어지는 면역으로서, 한 번 감염 후에는 그 면역력이 일생 지속된다.

(2) 인공능동면역(Artificial active immunity)

인위적으로 병원성이 없거나 약독화시킨 병원체를 감염시킴으로써 능동적으로 면역력을 획득하는 것을 말한다. 백신 등에 의한 예방접종이 여기에 속한다.

(3) 자연수동면역(Natural passive immunity)

임신 기간 중 모체의 항체(IgG)가 태반을 통해 태아에 전달되거나 모체의 항체(IgA)가 모유 수유를 통해 태아가 섭취하게 되어 면역력이 얻어지는 것을 말한다.

(4) 인공수동면역(Artificial passive immunity)

다른 개체가 능동적으로 만들어낸 항체를 필요한 다른 개체에 인위적으로 넣어줌으로써 나타나는 면역을 말한다.

⑥ 면역질환

자기와 비자기를 구분하여 비자기인 이물질을 제거하는 면역의 체계에서 벗어난 것을 면역질환이라고 한다. 면역질환에는 과민반응, 자가면역질환, 면역결핍 등이 있다.

(1) 과민반응

비자기이기는 하지만, 사람에게 무해한 물질을 항원으로 인식하여 과도하게 면역반응이 일어나는 것을 과민반응(hypersensitivity) 또는 알러지(allergy)라고 한다. 이때 꽃가루, 음식물 등과 같이 과민반응을 일으키는 항원을 알레르겐(allergen)이라고 한다. 과민반응은 대상이 되는 항원이나 작용하는 항체 등에 따라서 Ⅰ, Ⅱ, Ⅲ, Ⅳ형으로 구분한다.

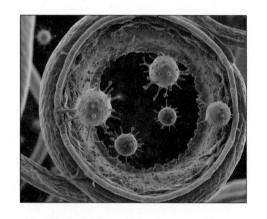

Ⅰ형 과민반응은 알레르겐과 접촉한 후 생성된 IgE가 비만세포나 호염구와 결합한 이후에 알레르겐과 결합하게 되면 이에 의해 비만세포나 호염구에서 히스타민과 같은 매개체가 방출되고 이에 의해 생기는 과민반응을 말한다. 화분

증이나 천식, 음식물 알러지 등이 여기에 속한다.

Ⅱ형 과민반응은 IgG나 IgM에 의한 과민반응으로 부적합 수혈에 의한 용혈 현상 등이 있다.

Ⅲ형 과민반응은 IgG나 IgM이 항원과 결합하여 항원항체 복합체를 형성한 후 이들이 조직에 침착하게 되면 보체 활성화 등으로 인하여 조직이 손상되는 것을 말한다. 전신 홍반루프스(SLE) 등이 여기에 속한다.

Ⅳ형 과민반응은 나머지 세 유형이 항원과의 반응 후에 즉시 일어나는 즉시형 과민반응인데 비해 그 반응이 수일 이상 걸리는 지연형 과민반응이다. T세포가 매개가 되어 일어나는 반응인데 류머티즘 관절염이나 1형 당뇨병이 그 예이다.

(2) 자가면역질환

잘못된 면역반응으로 인하여 자기 조직에 대해 면역반응이 일어남으로써 자기조직을 손상시키는 것을 자가면역질환(autiimmune disease)이라고 한다. 대표적인 자가면역질환으로 류머티즘 관절염, 전신 홍반 루프스, 쇼그렌증후군과 같은 것이 있다.

(3) 면역결핍

주로 유전 질환으로 인한 가슴샘형성부전으로 선천적으로 면역을 획득하지 못하는 선천면역결핍과 바이러스에 의하여 T림프구가 파괴되어 후천적으로 면역력을 잃어가는 후천면역결핍이 있다.

Chapter 12

호르몬과
항상성

◎ 학습 목표

1. 항상성의 정의와 의미를 이해한다.

2. 내분비 기관을 정의 내리고 분류한다.

3. 각 기관에서 분비하는 호르몬을 분류하고 그
   기능을 설명한다.

1 내분비

호르몬(hormone)을 분비하는 조직들이 모인 것을 내분비 기관이라 한다. 호르몬은 인체에서 화학적으로 보내는 신호인 일종의 화학 전령자(chemical messenger)라고 할 수 있다. 호르몬의 특징은 만들어지는 세포와 작용하는 세포가 다르다는 것이다. 즉, 호르몬을 분비하는 세포에서 미량으로 만든 후 혈액을 통하여 이동하고, 표적세포(target cell)로 이동해서 활성을 나타내게 된다.

호르몬이 표적세포라고 하는 특정 세포에서만 작용할 수 있는 것은 그 호르몬에만 결합할 수 있는 구조인 특이적인 수용체(receptor)가 표적세포에만 존재하기 때문이다. 이러한 수용체는 세포막, 세포질, 핵 등에 위치한다.

그 작용기작에 따라 호르몬을 지용성 호르몬(lipid-soluble hormone)과 수용성 호르몬(water-soluble hormone)으로 분류한다. 지용성 호르몬은 지질 성분이기 때문에 인지질로 구성된 세포막을 쉽게 통과할 수 있어서 세포 안으로 들어갈 수 있다. 지용성 호르몬의 수용체는 세포질이나 핵에 위치해 있어서, 세포 내 수용체와 결합한 호르몬은 핵으로 이동하여 DNA상의 특정 유전자를 활성화시켜서 특정 효소를 만들도록 한다. 테스토스테론(testosterone), 에스트로겐(estrogen), 프로게스테론(progesterone), 알도스테론(aldosterone), 코티솔(cortisol) 등이 대표적인 지용성 호르몬이다. 이 호르몬들은 모두 스테로이드 구조의 대표인 콜레스테롤이 약간씩 변형되어 만들어진 유도체이기 때문에 스테로이드 호르몬(steroid hormone)이라 부르기도 한다. 예외로 티록신(thyroxine)은 단백질 호르몬이지만 요오드가 붙어 있기 때문에 지질에 쉽게 녹는 지용성 호르몬에 속한다.

대부분 단백질 호르몬은 수용성 호르몬이다. 단백질 호르몬은 분자량이 크기 때문에 세포막을 직접 통과할 수 없어서 세포막에 수용체가 위치한다. 호르몬이 세포막의 수용체와 결합하면 세포막의 투과성이 바뀌어서 쉽게 통과할 수 있게 되는데, 그

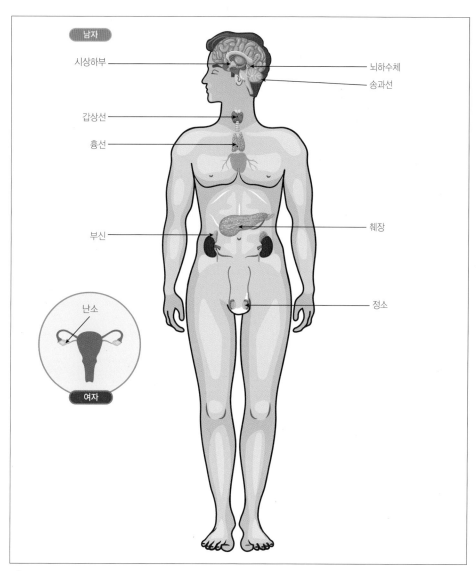

🧪 그림 12-1_ 내분비 기관의 분포

대표적인 예가 인슐린이다. 이차 전령체(second messenger)를 활성화시키는 경우도 있는데, 이렇게 활성화된 이차 전령체는 세포 내에서 호르몬의 기능을 대신하게 한다. 칼슘 이온이거나 cAMP가 이차 전령체로 작용한다. 글루카곤(glucagon)이 여기에 해당하는 대표적인 호르몬이다.

◈ 표 12-1_ 호르몬의 종류와 기능

분비선	호르몬	기 능
시상하부	방출 호르몬	뇌하수체 호르몬 분비 촉진
뇌하수체 전엽	갑상샘자극호르몬	갑상샘 호르몬 분비
	부신피질자극호르몬	부신피질 호르몬 분비
	난포자극호르몬	생식샘 호르몬 분비
	황체형성호르몬	생식샘 호르몬 분비
	성장호르몬	신체 성장 촉진, 근육량 증가
	프로락틴	젖 합성
뇌하수체 후엽	옥시토신	자궁 수축, 젖 분비
	항이뇨호르몬	수분 배출 감소
갑상샘	티록신	물질대사 촉진
	칼시토닌	혈중 칼슘 감소
부갑상샘	부갑상샘호르몬	혈중 칼슘 증가
부신피질	미네랄코르티코이드	이온과 수분량 조절
	글로코코르티코이드	응급 반응 조절
	생식샘자극호르몬	남녀의 성장 발달
부신수질	에피네프린	응급 반응 조절
	노르에피네프린	응급 반응 조절
췌장	인슐린	혈당량 감소
	글루카곤	혈당량 증가
	소마토스타틴	인슐린과 글루카곤의 분비 억제
흉선	티모신	T림프구 성숙
송과선	멜라토닌	생체 리듬 조절
난소	에스트로겐	
	프로게스테론	임신 상태 유지
정소	테스토스테론	남성의 성장 발달

① 시상하부와 뇌하수체

내분비기관 중에서도 대표적이라 할 수 있는 시상하부와 뇌하수체는 사실 뇌의 한 부분에 속한다. 시상하부와 뇌하수체에서 분비하는 호르몬들 중에는 다른 내분비 기관들을 통제하는 것들이 있다. 특히 시상하부에서는 신경분비세포라 불리는 특수 세포가 있어 호르몬을 분비하고 있는데, 이 호르몬에 의해 뇌하수체가 조절되고, 뇌하수체는 차례로 다른 내분비기관을 통제하는 호르몬을 만들어낸다. 뇌하수체는 이름 그대로 뇌 아래쪽에 앞뒤로 두 개의 물주머니가 늘어진 듯한 모습을 하고 있어서 눈에서 가까운 앞쪽을 전엽(anterior lobe)이라 하고, 뒤쪽을 후엽(posterior lobe)이라고 부른다.

전엽에서 분비되어 다른 기관들을 통제하는 호르몬에는 갑상샘자극호르몬(thyroid stimulating hormone), 부신피질자극호르몬(adrenocorticotropic hormone)과 생식샘자극호르몬인 난포자극호르몬(follicle stimulating hormone), 황체형성호르몬(luteinizing hormone) 등이 있다. 갑상샘자극호르몬은 갑상샘을 자극하여 티록신의 분비를 촉진시킨다. 이 호르몬들은 각각 갑상샘, 부신피질, 난소 및 정소들을 자극하여 그 기관들로 하여금 특정 호르몬을 분비하도록 유도하는 역할을 한다. 부신피질자극호르몬은 부신피질의 수용기에 작용하여 코티솔의 형성과 분비를 촉진시킨다. 난포자극호르몬은 여성에게는 난포를 자극하여 난자의 성숙을 일으키고 에스트로겐의 분비를 촉진시키는 역할을 하며, 남성에게는 정자의 형성을 촉진시키는 호르몬이다. 황체형성호르몬은 여성에게는 난포자극호르몬에 의해 성숙된 난자가 배란되도록 하고, 프로게스테론의 분비를 일으키는 역할을 하며, 남성에게는 테스토스테론의 분비를 촉진시킨다.

전엽에서는 이들 외에도 성장호르몬(growth hormone)과 프로락틴(prolactin)도 분비된다. 성장호르몬은 성장의 촉진뿐만 아니라 단백질 합성과 지방분해를 촉진하는 호르몬으로서, 일생 동안 분비되는 호르몬이다. 이 호르몬은 섭취하는 영양물질의 종류나 양 등에 의해 분비가 조절된다. 프로락틴은 분만 시와 분만 직후에 대량으로 분비되며, 유선을 자극하여 젖의 합성과 분비를 촉진시킨다.

후엽에서는 항이뇨호르몬(antidiuretic hormone, ADH)과 옥시토신(oxytocin)이 만들

어진다. 항이뇨호르몬이 분비되면 수분 재흡수가 촉진되어 많은 수분이 혈액으로 재활용되므로 소변량이 줄어들게 된다. 옥시토신은 자궁의 수축을 촉진해 출산 시 도움을 주며, 유즙을 배출하게 하는 호르몬이다.

② 갑상샘

갑상샘(thyroid)은 후두부 아래에 위치한 2개의 작은 조직으로 티록신(thyroxine)과 칼시토닌(calcitonin)을 분비한다. 티록신은 인체 내 세포의 물질대사를 촉진시키는 기능을 한다. 티록신은 육체적으로나 정신적으로 정상적인 발육을 하기 위해 반드시 필요한 호르몬이므로 성장하는 어린아이들에게는 필수적이라 할 수 있다. 성인들의 경우 티록신이 너무 적게 분비되면 피로해지면서 우울함을 느끼게 되며 대사율이 저하되는데, 이러한 증상을 갑상샘기능저하증(hypo-thyroidism)이라 한다. 음식물이 에너지로 변환되지 못하기 때문에 비만해지는 경향이 있다.

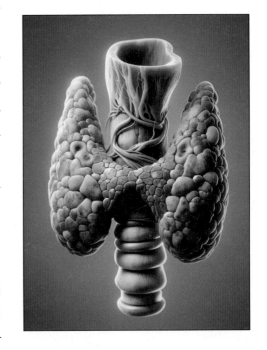

티록신에는 요오드가 들어 있는 것이 특징이다. 그렇기 때문에 만일 음식물에 요오드가 적으면 체내 요오드가 부족해져 호르몬이 제대로 못 만들어지기 때문에 비슷한 증상이 나타날 수 있다. 이 경우 갑상샘은 그 보상 작용으로 지나치게 작용하게 하다가 목 주위가 크게 부어오르게 되는데, 이를 고이터(goiter, 갑상샘종) 현상이라 부른다. 이와는 반대로 티록신이 지나치게 많이 분비되는 경우에는 항상 초조하며, 신경질적이 되며, 마르고 눈이 튀어나오는 외형을 보인다. 이를 갑상샘기능항진증(hyperthyroidism)이라고 한다.

칼시토닌은 혈액 내 칼슘 양을 조절하는 기능을 하는데, 지나치게 칼슘의 양이 많으면 뼛속에 저장시킨다. 부갑상샘 호르몬과 반대되는 작용을 보이는데, 이렇듯 호르몬 중에서는 상호 반대로 조절하여 항상성을 유지하려는 것들이 있으며, 그 효과를 길항작용(antagonization)이라 한다.

부갑상샘(parathyroid)은 갑상샘 표면에 붙어 있는 4개의 작은 조직이다. 여기에서 분비되는 부갑상샘호르몬(parathyroid hormone)은 혈액 내 칼슘양을 조절하는데, 부족하게 되면 필요한 만큼 뼈에서 방출되어 나오게 한다.

③ 부 신

부신(adrenal gland)은 신장의 위쪽에 위치한 작은 조직으로서, 바깥쪽 표면 부분을 피질(cortex)이라 하고 그 안쪽 부분을 수질(medulla)이라 부른다. 부신피질은 뇌하수체에서 분비하는 부신피질자극호르몬의 자극을 받아 여러 스테로이드 호르몬들을 만든다. 부신피질에서 분비하는 미네랄코르티코이드(mineralocorticoid)라고 불리는 것들과 글루코코르티코이드(glucocorticoid)라고 불리는 것들이 대표적이다. 알도스테론(aldosterone)이 미네랄코르티코이드의 대표적인 예이고, 코티솔(cortisol)이 글루코코르티코이드의 대표적인 예이다. 알도스테론은 Na^+의 재흡수를 증가시키고, K^+의 배설을 촉진하는 것과 같이 무기염류의 양을 조절해주는 역할을 한다. 알도스테론이 과도하게 분비되면 혈액에 이온과 수분이 증가하여 혈압이 오르게 된다.

코티솔은 급할 때에 지방이나 단백질을 포도당으로 바꾸어 주어 에너지원으로 사용할 수 있도록 해줌으로써 응급 시 혈당량을 증가시켜 준다. 뿐만 아니라 수질에서 만들어지는 에피네프린(epinephrine)과 함께 혈압을 증가시켜 주기도 한다. 수질에서는 에피네프린과 노르에피네프린(norepinephrine)의 두 가지가 분비되는데, 이들 호르몬은 위급할 때의 각종 극한 상황과 스트레스를 이겨낼 수 있게 해줌으로써 극한의 스트레스를 견뎌낼 수 있게 해준다.

④ 흉 선

흉선(thymus)은 티모신(thymosin)이라는 호르몬을 분비하는 조직이다. 티모신은 T

림프구의 성장을 도와 면역 반응에 큰 역할을 한다. 흉선은 어린아이에게서는 크지만, 어른이 되면서 점점 그 크기가 줄어든다.

⑤ 췌 장

췌장은 호르몬을 분비하기도 하지만 소화효소도 분비하는 기관으로도 작용한다. 췌장은 인슐린(insulin), 글루카곤(glucagon), 소마토스타틴(somatostatin)을 분비한다. 인슐린과 글루카곤은 혈당량을 일정하게 조절해주는 호르몬들이다. 인슐린은 혈액 중의 포도당을 필요한 세포와 조직으로 이동하는 것을 촉진하며, 근육과 간 세포 등에 글리코겐 형태로 저장하도록 한다. 반면 글루카곤은 저장된 글리코겐을 포도당으로 분해하여 혈액에 공급해주어 혈당량을 높여주는 기능을 한다. 따라서 인슐린과 글루카곤은 앞에서 언급한 것처럼 길항작용을 통하여 혈당량을 조절해주는 역할을 한다.

소마토스타틴은 인슐린과 글루카곤을 모두 억제하는 것 정도만 알려져 있다.

⑥ 송과선

송과선(pineal)은 뇌에 위치하여 멜라토닌(melatonin)이라는 호르몬을 분비한다. 멜라토닌은 눈에서 빛을 받아들이는 정보에 따라 어두울 때만 분비되는 호르몬으로 하루의 주기와 계절의 주기를 인식하게 함으로써 시차 적응이나 수면 주기 등을 조절할 수 있다.

쉽고 간결한
생물학 노트

찾아보기

쉽고 간결한
생물학 노트

저자소개

유 민(전 계명대학교)   김수원(경운대학교)   김지원(구미대학교)

윤재연(강동대학교)   이영희(동남보건대학교)   이재영(가톨릭상지대학교)

정숙희(광주대학교)

쉽고 간결한 생물학 노트

초판 1쇄 인쇄   2025년 2월 20일
초판 1쇄 발행   2025년 2월 25일

저 자	유 민·김수원·김지원·윤재연·이영희·이재영·정숙희
펴낸이	임 순 재
펴낸곳	(주)한올출판사
등 록	제11-403호
주 소	서울시 마포구 모래내로 83(성산동 한올빌딩 3층)
전 화	(02) 376-4298(대표)
팩 스	(02) 302-8073
홈페이지	www.hanol.co.kr
e-메일	hanol@hanol.co.kr
ISBN	979-11-6647-537-5

쉽고 간결한
생물학 노트